VORWORT

Liebe Schülerin, lieber Schüler,

dieses **Aufgabentraining** ist als Ergänzung deines Schulbuches gedacht. Es soll dir helfen, die zentrale Abschlussprüfung nach Klasse 10 erfolgreich zu bestehen.

Im ersten Teil des Buches findest du viele **Basisübungen** zu den mathematischen Inhaltsbereichen
(1) Arithmetik/Algebra (2) Funktionen (3) Geometrie (4) Stochastik.

Die Basisübungen sollen dazu dienen, noch einmal ganz grundlegende mathematische Fertigkeiten zu wiederholen und zu festigen.

Es schließen sich sechs **Tests** an, die auch **komplexere Aufgaben** beinhalten. Du erkennst jede neue Aufgabe eines Tests an ihrer kurzen Überschrift. Für die Bearbeitung der Tests sind jeweils ca. 90 Minuten vorgesehen. Hier kannst du prüfen, wie gut du mit der Zeit zurechtkommst und wie fit du bist. Du darfst dafür den Taschenrechner benutzen.

Die meisten Testaufgaben beziehen sich auf Sachverhalte aus der Umwelt. Zur Lösung der Aufgaben sind unterschiedliche mathematische Kompetenzen erforderlich: das Argumentieren und Kommunizieren, das Problemlösen, das Modellieren und der Gebrauch von Werkzeugen. Diese vier Kompetenzen sind für die Abschlussprüfung besonders wichtig. Du findest eine Zuordnung vieler Testaufgaben zu den Kompetenzen gleich auf der nächsten Seite dieses Buches. Dabei ist es ganz natürlich, dass eine Aufgabe mehrere Kompetenzen erfordert, also auch in mehreren Feldern der Tabelle auftauchen kann. Wir haben uns aber bemüht, die Aufgaben nach den für ein erfolgreiches Lösen besonders wichtigen Kompetenzen einzuordnen. Dies soll es dir ermöglichen, einzelne Kompetenzen gezielt zu üben.

Bei der Bearbeitung der Aufgaben ist aufmerksames Lesen der Texte und Betrachten der Schaubilder sehr wichtig. Nur so kannst du die Sachverhalte in eine dir vertraute mathematische Form übersetzen.

Zu allen Aufgaben findest du im Buch **Lösungen.** Die Lösungen zu den Basisübungen sind kurz gehalten, die Lösungen zu den Testaufgaben sind teilweise ausführlicher.

Eine Formelsammlung auf den letzten Seiten vervollständigt das Übungsmaterial und erlaubt ein Arbeiten unter Prüfungsbedingungen.

Für die Zeit der Vorbereitung und für die Prüfung wünschen wir dir viel Erfolg.

Das Autorenteam

INHALT

<table>
<tr><th>Kompetenzen</th><th>Arithmetik / Algebra</th><th>Funktionen</th><th>Geometrie</th><th>Stochastik</th></tr>
<tr><td>Argumentieren/
Kommunizieren</td><td>Schätzungen
Heizkosten
Pkw oder Bus?
Briefmarken</td><td>Heißluftballon
Parabelschiff
Sonnenaufgang
Wasserverlust
Handy-Tarife
Wachstumsformen
Sonnenaufgang</td><td>Tornado-Pizza
Rennbahn
WM-Fußball
Hohlkugel</td><td>Schülersprecherwahl
Flugangst
Würfel
Taschengeld
Erdbebenvorhersage
Energie-Mix
Erdgas
Arbeitsplätze
Wahl</td></tr>
<tr><td>Problemlösen</td><td>Kinobesuch
Bahncard
Jährliche Fahrtkosten
Kastendrachen
Crosslauf
Studentenwohnung
Nettoverkaufspreis
Lagertankraum
Stadt oder Land?
Pkw oder Bus?
Diesel oder Benziner?
Pkw-Neuanschaffung
Kontogebühren</td><td>Brücke
Aufforstung
Öltank
Wasserverlust
Volumenveränderung
Stromkosten
Kerzenschein
Prozente</td><td>Buchstabenwürfel
Seitenlänge eines Würfels
Tischdecke
Leuchtfeuer und Satelliten
Rennbahn
Gleichschenkliges Dreieck</td><td>Schülersprecherwahl
Energie-Mix
Erdgas
Chemietests
Sparguthaben
Wahl</td></tr>
<tr><td>Modellieren</td><td>Windmühle
Abgeschnittener Würfel
Kastendrachen
Nettoverkaufspreis</td><td>Brücke
Parabeln und Geraden
Parabelschiff
Stromkosten
Füllstand von Heizöltanks
Arbeitsplätze
Energie-Mix</td><td>Straßensteigung
Sportplatz
Planschbecken
Landeshauptstädte
Hohlkugel
Rennbahn
WM-Fußball
Holstentor</td><td>Glücksspielautomat
Würfel
Taschengeld
Sparguthaben
Wahl</td></tr>
<tr><td>Werkzeuge</td><td>Crosslauf</td><td>Kerzenschein
Stromkosten
Öltank
Wachstumsformen</td><td>Pakete
Verpackung
Grundstücke
Container</td><td>Energie-Mix
Arbeitsplätze
Wahl</td></tr>
</table>

BASISÜBUNGEN

Arithmetik / Algebra

1. Finde durch überschlägige Rechnung das passende (gerundete) Ergebnis.

14,3 · 3,78 €

15,7 % von 234,30 €

1,80 € : 0,035

$\frac{5}{7}$ von 63,40 €

54,05 €

45,29 €

36,79 €

51,43 €

2. Berechne möglichst geschickt und ohne Hilfsmittel die folgenden Terme.
Notiere, wie du vorgegangen bist.

a) $(\sqrt{8} + \sqrt{3}) \cdot (\sqrt{8} - \sqrt{3})$ **c)** $37^2 - 34^2$ **e)** $\frac{300 \cdot 7\,000\,000}{0{,}0005}$

b) $\sqrt{8} \cdot \sqrt{12} \cdot \sqrt{2} \cdot \sqrt{3}$ **d)** 12,5 % von 16 · 41 € **f)** $48 \cdot \left(\frac{5}{6} + \frac{9}{16}\right)$

3. **a)** Addiere zwei nebeneinander stehende Terme und notiere das Ergebnis im darüber liegenden Feld.

b) Kontrolliere deine Eintragungen mit den Einsetzungen a = 5 und b = −2.

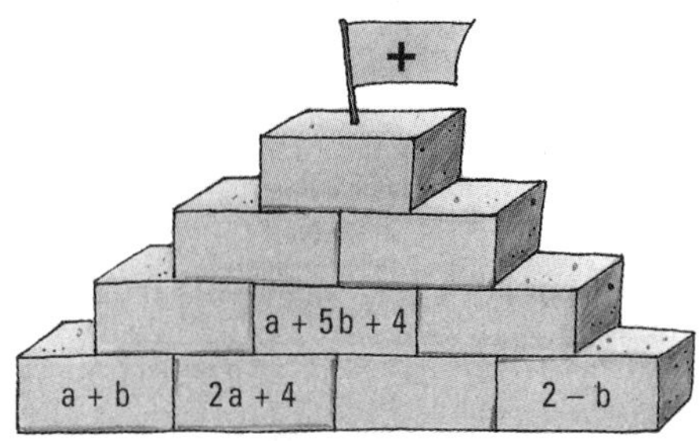

4. Herr Haars zahlt 9 800 € auf ein Sparkonto mit wachsendem Zinssatz ein. Er bekommt im 1. Jahr 3 %, im 2. Jahr 4 %, im 3. Jahr 4,25 % und im 4. Jahr 4,75 % Zinsen. Die Zinsen werden nach jedem Jahr gutgeschrieben und mit verzinst. Wie hoch ist sein Guthaben am Ende des 4. Jahres?

5. Die Betriebskosten für 3 Maschinen mit gleicher Leistung betragen in 5 Tagen 12 000 €.
Die Firma kauft noch eine solche Maschine dazu.
Wie hoch sind die Betriebskosten für die 4 Maschinen in 12 Tagen?

6. Astrids Eltern mieten sich für ihren Umzug einen Kleintransporter. Sie zahlen eine Grundgebühr von 30 € und für jeden gefahrenen Kilometer 0,25 €. Der Autoverleih berechnet ihnen insgesamt 74 €. Wie viel Kilometer sind sie gefahren?

7. Marlenes Eltern vergleichen die Angebote von zwei Autoverleihern.

Angebot A:
Grundgebühr 28 €
Pro Kilometer 0,27 €

Angebot B:
Grundgebühr 34 €
Pro Kilometer 0,22 €

Bei welcher Kilometerzahl sind beide Angebote gleich?

8. Herr Schild verkauft Kartoffeln in 25-kg-Säcken. Zum Transport benutzt er einen Kleintransporter, der leer 1,85 Tonnen wiegt. Herr Schild wiegt 75 kg. Wie viel Säcke Kartoffeln darf er laden, wenn das zulässige Gesamtgewicht des Transporters 3,8 t beträgt?

9. Bauer Jensen hat eine rechteckige Wiese von 2 730 m^2 Größe. Für das Einzäunen hat er 214 m Draht verwendet. Wie lang und wie breit ist die Wiese?

10. Ein Baumarkt wird erweitert. Der quadratische Parkplatz muss dazu auf der einen Seite auf einer Länge von 10 m aufgenommen werden. Die Pflastersteine werden an der benachbarten Seite neu verlegt. Der Parkplatz verlängert sich dadurch um 14 m.
Wie groß ist der neue Parkplatz?

11. Für ein Freizeitgelände wurde ein Schachfeld geplant. Die ursprünglich vorgesehene Fläche erwies sich als zu klein. Deshalb wurde die Seitenlänge des Schachfeldes um 1,2 m verlängert. Der Platzbedarf erhöhte sich dadurch um 8,64 m^2.
Wie lang war eine Seite des ursprünglich geplanten Schachfeldes?

12. Herr Labohm plant, seine quadratische Terrasse um 3 m zu verbreitern und um 2 m zu verlängern. Dadurch wird sich die Fläche um 24 m^2 vergrößern.

a) Wie groß ist die ursprüngliche Terrassenfläche?

b) Frau Labohm gefällt die neue Form nicht. Sie möchte, dass die neue Terrasse zwar um 24 m^2 vergrößert wird aber quadratisch bleibt.
Um wie viel m müssen Länge und Breite dann verändert werden?

13. Den Bremsweg eines Pkw auf nasser Fahrbahn kann man nach folgender Faustformel berechnen: $b = \left(\frac{v}{10}\right)^2$, wobei b der Bremsweg in m und v die Geschwindigkeit des Pkw in $\frac{km}{h}$ ist. Ein Pkw-Fahrer verringert seine Geschwindigkeit um 10 $\frac{km}{h}$. Dadurch verkürzt sich der Bremsweg des Pkw um 11 m.
Wie schnell fuhr er vor der Geschwindigkeitsreduzierung?

14. Eine Stadt plant die Anlage eines Wanderweges am Rand des Neubaugebietes. Das quadratische Grundstück der Familie Langer wird dadurch um 2,50 m schmaler. Es hat jetzt eine Größe von 611 m^2.
Um wie viel m^2 ist das Grundstück verkleinert worden?

15. Ein Geldinstitut bietet den nebenstehenden Sparplan an.

a) Was bedeutet die Angabe des durchschnittlichen Zinssatzes?

b) Berechne die Zinsen bei einer 3-jährigen Anlage von 10 000 € mit den angegebenen Jahreszinssätzen und mit dem Durchschnitts-Zinssatz.
Wie beurteilst du das Ergebnis?

	Zinssatz (Laufzeit 3 Jahre)	Zinssatz (Laufzeit 5 Jahre)
1. Jahr	2,50 %	2,50 %
2. Jahr	2,75 %	2,75 %
3. Jahr	3,00 %	3,00 %
4. Jahr		3,30 %
5. Jahr		4,10 %
Durchschnitt	2,75 %	3,13 %

Funktionen

1. Für die Herstellung eines Bilderrahmens benötigt Martin 0,7 m^2 Glas und 3,4 m Leisten.
Reichen 25 € für den Kauf des Materials?

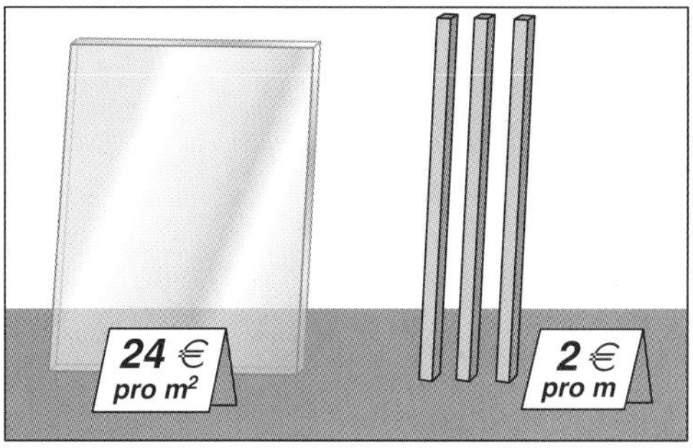

2. Ein Lkw-Fahrer ist ein 95 km langes Autobahnstück in 1 h 16 min gefahren. Wie lange braucht er für 140 km (gleiche Durchschnittsgeschwindigkeit vorausgesetzt)?

3. Frau Rettmer will um ihre Rasenfläche 0,60 m lange Randsteine setzen. Sie benötigt 40 Stück. Das Baugeschäft hat nur solche von 40 cm Länge.
Wie viele dieser Randsteine muss sie kaufen?

4. Der Mehrwertsteuersatz wird von 16 % auf 19 % erhöht.

a) Um wie viel Prozent wurde der Mehrwertsteuersatz erhöht?

b) Ein Fernsehgerät kostet 800 € zuzüglich MWSt. Wie groß ist die prozentuale Differenz der Endpreise bei alter und neuer Mehrwertsteuerberechnung?

5. Familie Lehmann zahlt für ihren Trinkwasserverbrauch von 150 m^3 im Jahr 310 €. Herr Werther zahlt bei gleichem Tarif für einen Single-Haushalt bei einem Verbrauch von 60 m^3 im Jahr 229 €.

a) Ermittle grafisch die jährliche Grundgebühr und den Preis für 1 m^3 Wasser.

b) Lies die Kosten ab, die bei einem Verbrauch von 85 m^3 Wasser entstehen.

c) Wie hoch ist der jährliche Verbrauch, wenn eine Familie 283 € zu zahlen hat?

6. In der Skizze siehst du eine Feder mit einem angehängten Gewicht. Wenn man an dem Gewicht zieht und dann loslässt, beginnen Feder und Gewicht zu schwingen. Die abgebildete Funktion beschreibt die Auslenkung der Feder zu verschiedenen Zeitpunkten.

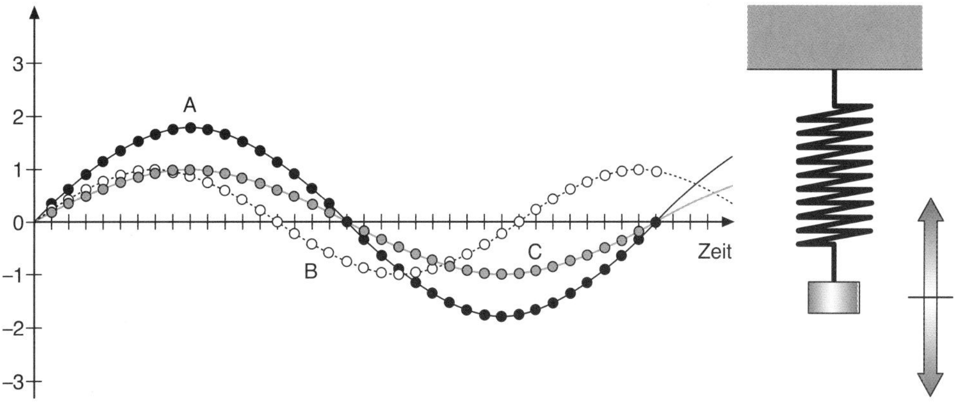

a) Welcher Graph beschreibt eine starke Auslenkung der Feder?

b) Welcher Graph entsteht bei der Verwendung einer harten Feder?

c) Welcher Graph entsteht bei der Verwendung einer weichen Feder?

7. Notiere zu den abgebildeten Funktionsgraphen die Funktionsgleichung.

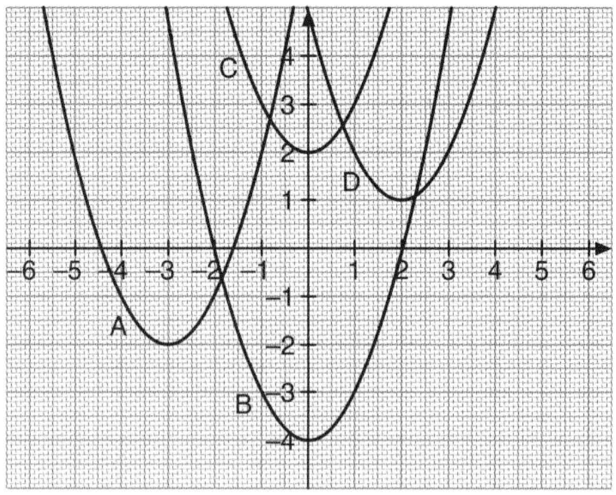

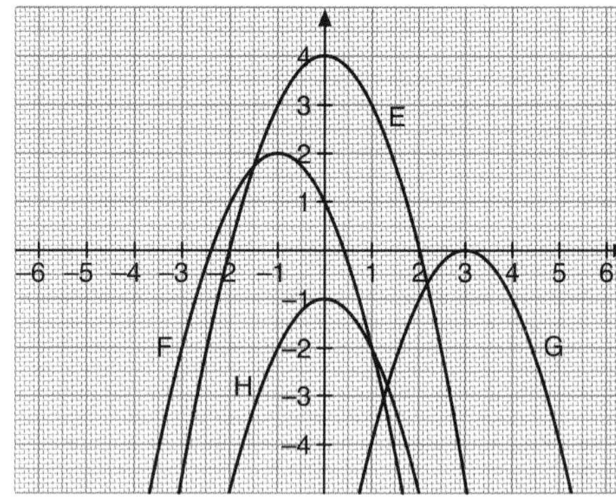

8. Die Hausbank von Frau Büsching gibt für langfristige Kapitalanlagen 4,75 % Zinsen pro Jahr. Ein privater Anbieter wirbt mit dem Slogan: „Ihr Geld verdoppelt sich bei uns alle 15 Jahre."

a) Bei wem soll Frau Büsching ihre 2 500 € anlegen?

b) Wie viel Euro hat sie dann nach 8 Jahren?

9. Das Diagramm zeigt das rapide Wachstum der Internet-Dienstanbieter (hosts).

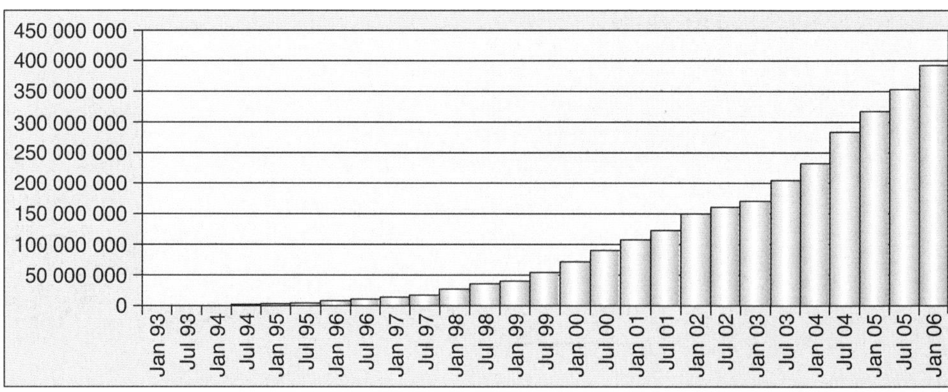

a) Bestimme überschlägig den prozentualen Zuwachs der Internet-Dienstanbieter von Januar 2000 bis Januar 2006.

b) Handelt es sich hier insgesamt oder in Teilbereichen um exponentielles Wachstum? Beschreibe deine Vorgehensweise.

c) Gib eine Prognose über die erwartete Zahl der Internet-Dienstanbieter im Januar 2010 ab.

d) Warum lassen sich in diesem Zusammenhang nicht Prognosen für beliebige Zeiträume erstellen?

10. Eine zylinderförmige Kerze mit einem Durchmesser von 1 cm und einer Höhe von 8 cm hat eine Brenndauer von 3 Stunden.

a) Wie lange brennt eine gleich hohe Kerze mit doppeltem Durchmesser (dreifachem, vierfachem, halbem Durchmesser)?

b) Zeichne den Graphen der Zuordnung *Durchmesser → maximale Brenndauer.*

c) Wie verändert sich der Graph bei zunehmender (abnehmender) Höhe der Kerze?

Geometrie

1. Ein quadratisches Grundstück hat einen Flächeninhalt von 625 m^2.
Wie lang sind seine Seiten?

2. Eine Zirkusmanege hat die Form eines Kreises mit 15 m Durchmesser.

a) Wie groß ist der Flächeninhalt der Manege?

b) Wie groß ist der Umfang der Manege?

3. Welche der Fahnen sind achsensymmetrisch, welche sind punktsymmetrisch?

Deutschland — Australien — Jamaika — Israel

4. Die Skizze zeigt ein gleichschenkliges Dreieck.

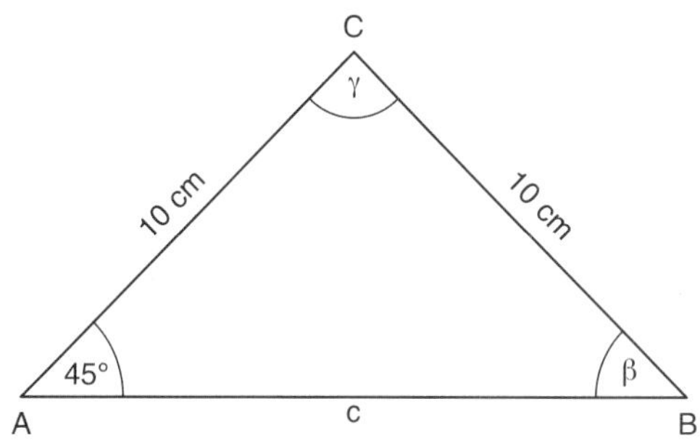

a) Wie groß sind die Winkel β und γ?

b) Welchen Flächeninhalt hat das Dreieck?

c) Bestimme den Umfang des Dreiecks.

5. Ein Zylinder hat einen Radius von 30 cm und eine Höhe von 20 cm.

Bestimme das Volumen und die Oberfläche des Zylinders.

6. Von A nach B führt eine schmale Straße, die viele Autofahrer als Abkürzung benutzen.

a) Bestimme die Länge der Abkürzung $\overline{AB}$.

b) Um wie viel Prozent ist der Umweg über die beiden Hauptstraßen $\overline{AC}$ und $\overline{CB}$ länger als die Abkürzung $\overline{AB}$?

7. Ein bis zum Rand gefüllter Pool (5 m breit, 8 m lang, 2 m tief) soll mit einer Pumpe geleert werden. Diese Pumpe kann pro Sekunde 5 Liter Wasser abpumpen.
Wie lange dauert es, bis der Pool vollständig geleert ist?

8. Die Gesamthöhe der abgebildeten Treppe beträgt 245 cm.
Wie hoch ist jede Stufe?

9. **a)** Übertrage die Zeichnung auf ein Blatt und berechne die Seitenlängen $\overline{MB}$, $\overline{MC}$, $\overline{MD}$, $\overline{ME}$.

b) Setze die Quadratwurzelspirale um drei weitere Schritte fort. Was fällt dir auf?

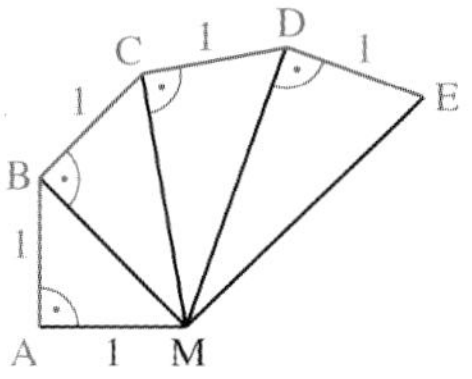

10. Die Geraden g und h sind parallel zueinander. Bestimme die Größe der gesuchten Winkel.

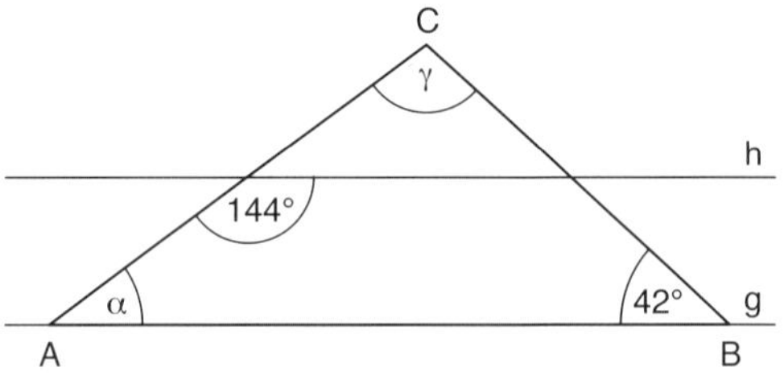

11. Welche der drei Figuren haben den gleichen Flächeninhalt? Begründe deine Antwort.

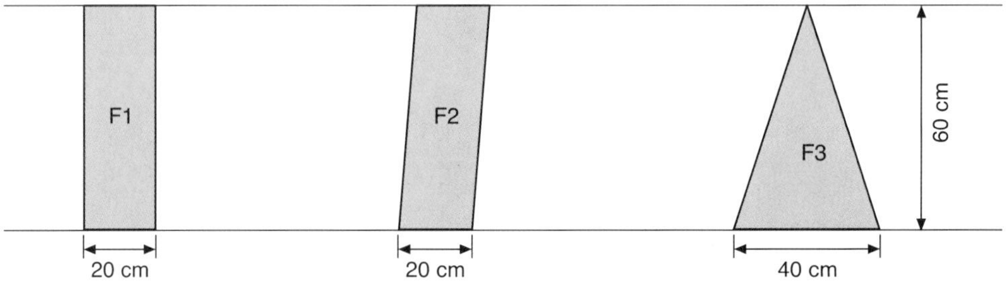

12. Silke steht unter einer freistehenden Tanne, deren Schatten 16 m lang ist. Silke weiß, dass sie 1,75 m groß ist und schätzt, dass ihr Schatten ungefähr 4 m lang ist. Wie hoch ist die Tanne?

13. Berechne das Volumen und die Oberfläche der nebenstehenden Körper.

14. Laut Reglement darf ein Fußball einen Umfang von 68 bis 70 cm besitzen. Bestimme das maximale Volumen eines Fußballs.

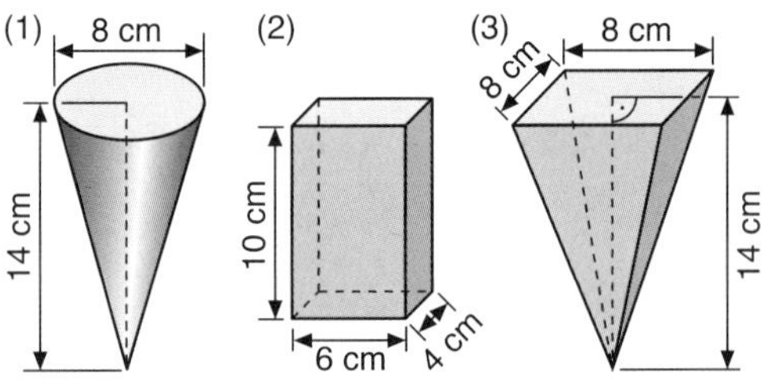

15. Berechne Flächeninhalt und Umfang des Dreiecks.

a)

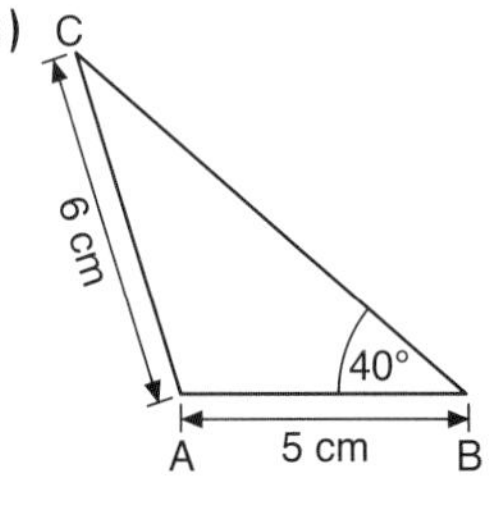

b)

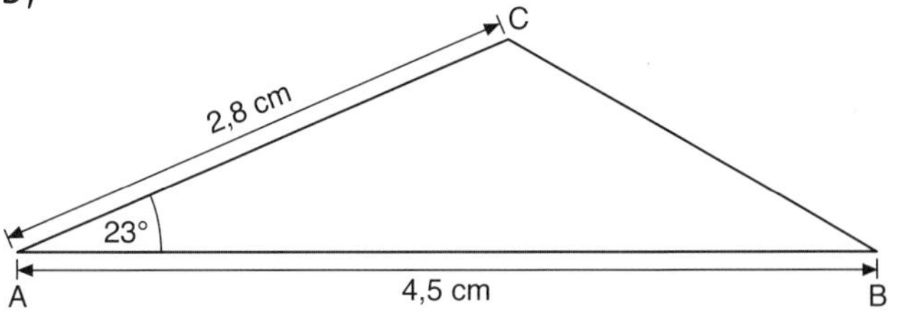

Stochastik

1. In der Tabelle siehst du die Ergebnisse einer Klassenarbeit.

Note	1	2	3	4	5	6
Anzahl der Arbeiten	2	7	9	8	3	1

a) Stelle die Ergebnisse in einem Säulendiagramm dar.

b) Berechne die relativen Häufigkeiten der Noten und stelle sie in einem Kreisdiagramm dar.

2. Nach seiner Ausbildung ist Alex von der Firma fest angestellt worden. Sein monatliches Nettoeinkommen beträgt 950 €. Das Kreisdiagramm zeigt, wofür Alex sein Geld ausgibt.

a) Zeichne anstelle des Kreisdiagramms ein Streifendiagramm.

b) Wie hoch ist die Miete?

c) Berechne auch die Höhe der übrigen Ausgaben und stelle sie in einem Säulendiagramm dar.

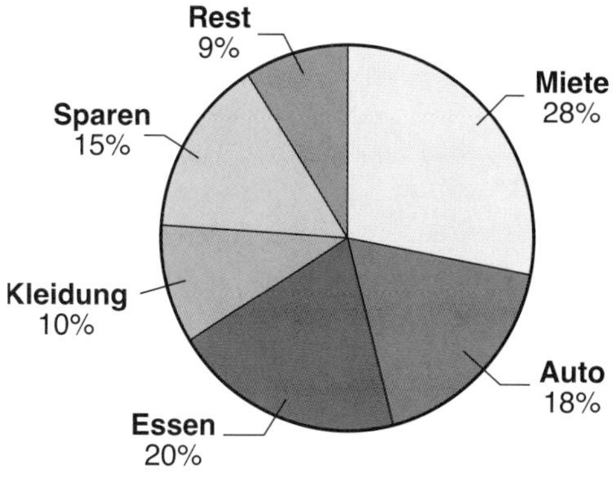

3. Die Redakteure einer Verbraucherzeitschrift haben den Preis für eine bestimmte Digitalkamera in verschiedenen Geschäften erfragt.

167,90 €; 145,50 €; 199,95 €; 179,00 €; 139,99 €; 155,55 €; 123,45 €

a) Gib das arithmetische Mittel, den Median (Zentralwert) und die Spannweite der Stichprobe an.

b) Erkläre an diesem Beispiel, worin sich Median und arithmetisches Mittel unterscheiden?

c) Wie hoch hätte der Preis der teuersten Digitalkamera nur sein dürfen, damit Median und arithmetisches Mittel übereinstimmen?

4. Auf den Flächen des abgebildeten Zylinders stehen die Zahlen 1, 2 und 3. Mit dem Zylinder kannst du wie mit einem normalen Würfel würfeln. In einer Versuchsreihe von 200 Würfen wurde 78-mal eine 1 und 83-mal eine 2 erzielt.

a) Gib sinnvolle Schätzwerte für die Wahrscheinlichkeiten aller Ergebnisse an.

b) Mit dem Zylinder wurde 10-mal hintereinander keine 2 gewürfelt. Beurteile folgenden Kommentar:
Es ist jetzt wahrscheinlicher, beim nächsten Wurf eine 2 zu würfeln.

5. Stelle die Weitsprungergebnisse, die eine Mannschaft bei den Bundesjugendspielen erzielt hat, als Boxplot dar.

3,40 m; 3,75 m; 4,15 m; 3,15 m; 3,30 m; 3,50 m; 4,60 m; 2,90 m; 3,70 m; 3,25 m

Berechne auch das arithmetische Mittel.

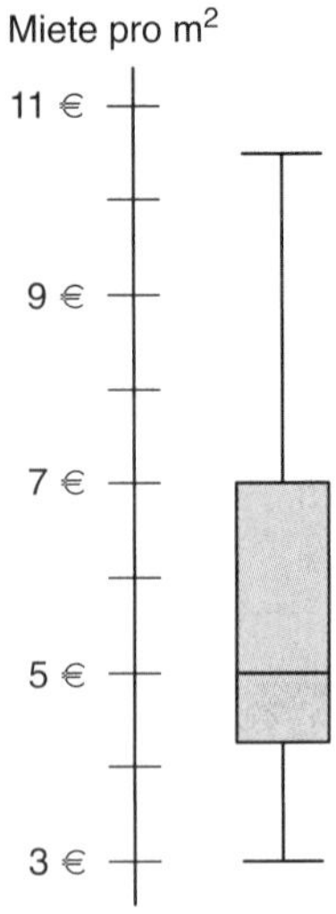

6. Was wird in dem Boxplot links dargestellt?
Formuliere einige Aussagen, die du am Boxplot ablesen kannst.
Benutze dabei auch die Begriffe Spannweite, Median, unteres Quartil, oberes Quartil und Streuung.

7. Es wird gleichzeitig mit einem Tetraeder und einem Würfel gewürfelt.
Das Ergebnis (2|5) bedeutet:
Mit dem Tetraeder wurde eine 2 und mit dem Würfel eine 5 gewürfelt.

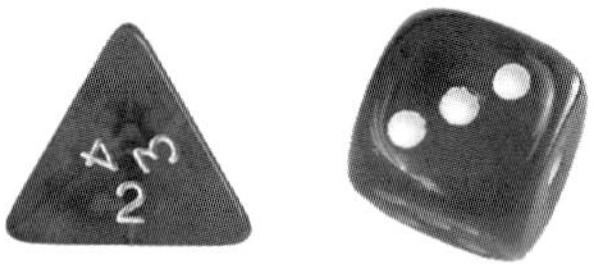

a) Wie viele verschiedene Ergebnisse sind möglich?

b) Berechne für folgende Ereignisse die Wahrscheinlichkeiten:
(1) Das Ergebnis ist (3|2).
(2) Die Augensumme ist kleiner als 5.
(3) Die gewürfelten Zahlen sind ungerade.
(4) Es wird ein Pasch (zwei gleiche Zahlen) gewürfelt.

8. Ein Baumarkt erhält eine Lieferung von 2 500 Glühlampen. 120 davon werden nach dem Zufallsprinzip ausgesucht und überprüft. 3 Glühlampen dieser Stichprobe sind defekt.

a) Wie viele defekte Glühlampen sind wahrscheinlich in der Lieferung?

b) Herr Schulz kauft eine Glühlampe in dem Baumarkt.
Wie groß ist die Wahrscheinlichkeit, dass die Glühlampe defekt ist?

c) Frau Becker kauft 2 Glühlampen.
Wie groß ist die Wahrscheinlichkeit, dass keine Glühlampe defekt ist?

9. In vier verschiedenen Behältern sind gleich große rote und blaue Kugeln (s. Tabelle). Du sollst aus einem Behälter verdeckt eine Kugel herausziehen.

Behälter 1	12 blaue und 8 rote Kugeln
Behälter 2	12 blaue und 7 rote Kugeln
Behälter 3	30 blaue und 15 rote Kugeln
Behälter 4	9 blaue und 6 rote Kugeln

a) Bei welchem Behälter ist die Chance am größten, dass du eine rote Kugel ziehst?
Begründe.

b) Aus dem Behälter 3 werden nacheinander verdeckt zwei Kugeln gezogen. Vor dem zweiten Zug wird die zuerst gezogene Kugel nicht zurückgelegt.
Wie groß ist die Wahrscheinlichkeit, zwei gleichfarbige Kugeln zu ziehen?

10. In einer Zeitung wird das nebenstehende Diagramm kommentiert:

> *Die gestern von der Polizei vorgestellte Statistik zeigt, dass die Anzahl der Autounfälle in unserer Stadt im letzten Jahr dramatisch zugenommen hat.*

Was hältst du von dieser Interpretation der statistischen Daten?
Ist sie vernünftig?
Begründe deine Antwort.

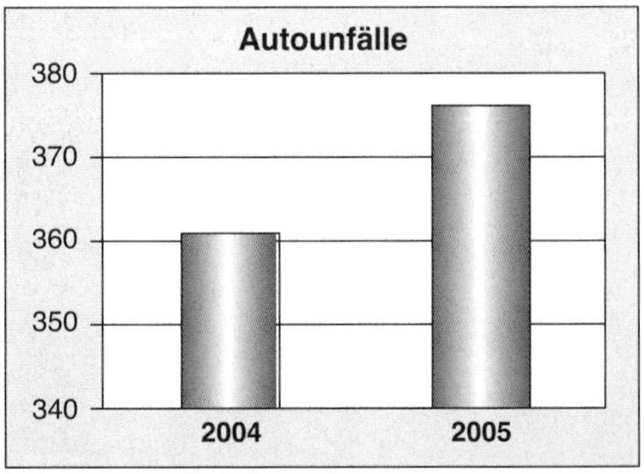

TESTAUFGABEN

Test 1

Kinobesuch

Das Kino einer Kleinstadt bietet Jugendlichen während der Ferien ein Ermäßigungsticket für 25 € an. Besitzer dieses Tickets bezahlen statt 6 € nur noch 3,50 € für eine Kinovorstellung. Wie viele Kinobesuche müsste man machen, damit sich die Anschaffung des Tickets lohnt?

Volumenveränderung

Die Behälter werden gleichmäßig mit Wasser gefüllt, die Kerzen verbrennen mit gleichmäßigem Wachsverlust. Welcher Graph beschreibt die Abhängigkeit der Füllhöhe eines Behälters bzw. der Höhe einer Kerze von der Zeit?

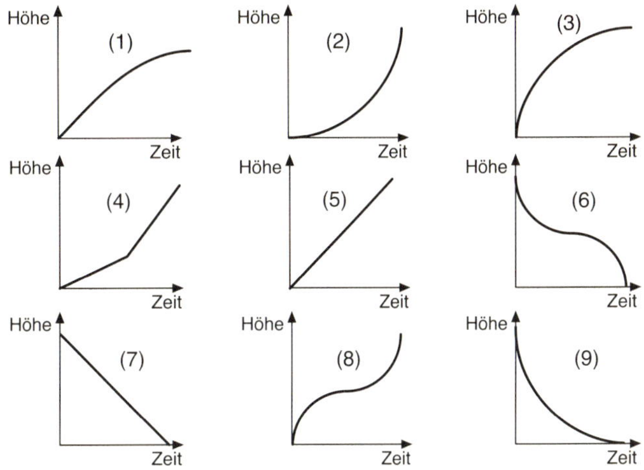

Straßensteigung

Im Gebirge wird die Steigung einer Straße häufig auf Straßenschildern angezeigt.

a) Schätze ab, welchen Höhenunterschied eine 2,3 km lange Straße mit einer Steigung von 12% überwindet.

b) Wie groß ist der Steigungswinkel bei einer Steigung von 12 %?

c) Was bedeutet 100 % Steigung?

d) Was steht auf dem Schild, wenn eine Straße auf 3,8 km einen Höhenunterschied von 285 m überwindet?

Mobilfunk

Beantworte nach den Angaben in dem nebenstehenden Diagramm die folgenden Fragen überschlägig.

a) Wie viele Mobilfunkteilnehmer gab es 2004 mehr als im Jahr 2000?

b) Mit welchem Faktor stieg die Zahl der Mobilfunkteilnehmer von 2002 bis 2004?

c) Um wie viel Prozent stieg die Zahl der Mobilfunkteilnehmer von 1999 bis 2004?

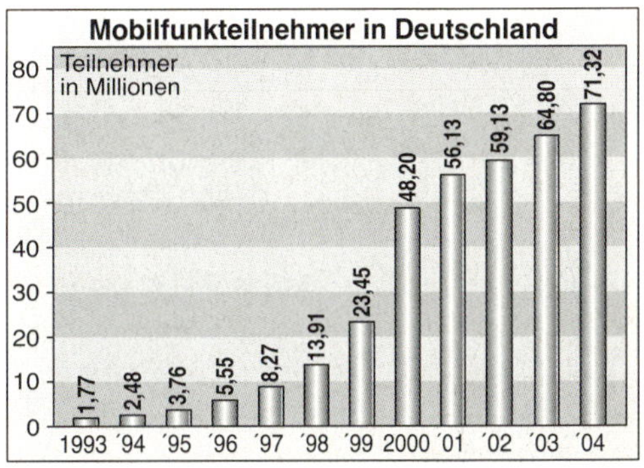

Geburtstag

Thea kauft für ihre Geburtstagsfeier 2 Kisten mit insgesamt 24 Flaschen Limonade. Für jede Kiste ist 2,50 € und für jede Flasche 0,35 € Pfand zu entrichten. Da sie gleichzeitig Flaschen und Kisten zurückgebracht hat, erhält sie eine Gutschrift von 9,70 €. Insgesamt hat sie 36,70 € zu zahlen.
Wie teuer war eine Flasche Limonade (ohne Pfand)?

Landeshauptstädte

Die Karte bildet einen Ausschnitt Deutschlands im Maßstab 1 : 3 000 000 ab.

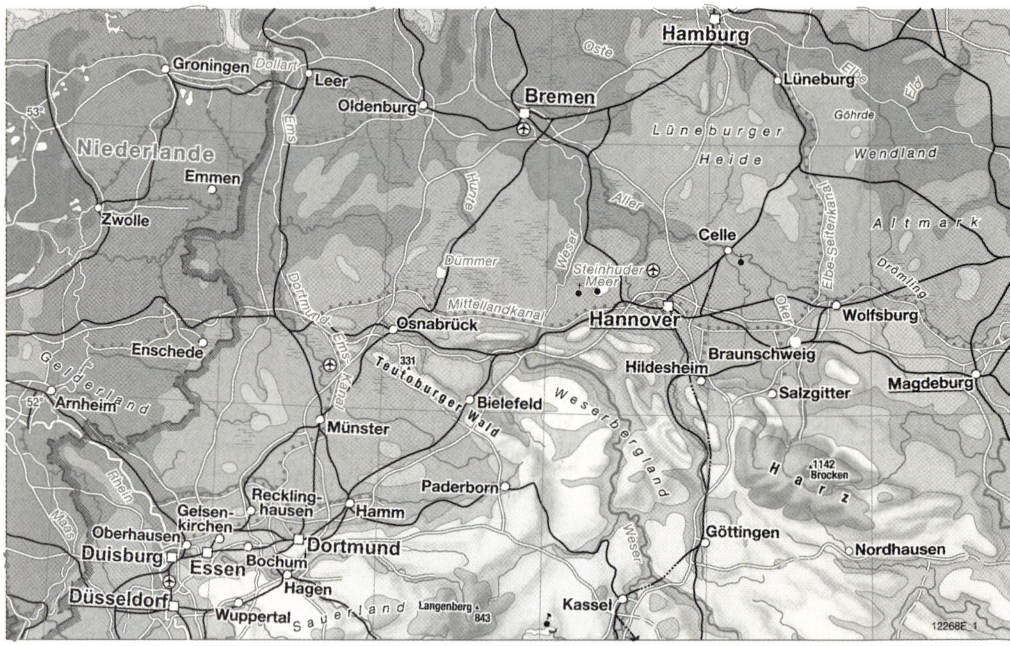

a) Wie weit sind die beiden Landeshauptstädte Düsseldorf und Hannover in Luftlinie voneinander entfernt?

b) Tatsächlich ist die Autobahnverbindung ca. 20 % länger. Wie lang ist sie?

c) Wie lang ist ungefähr der Elbe-Seitenkanal?

Kastendrachen

Für die Diagonalstreben des abgebildeten Kastendrachens steht eine 3 m lange Karbonstange zur Verfügung. In der rechteckigen Querschnittsfläche soll die kürzere Seite (Breite des Drachens) drei Viertel der längeren betragen. Der Drachen soll doppelt so hoch wie breit werden. 40 % der Längsstreben aus Holz sollen bespannungsfrei bleiben.

a) Erstelle eine Materialliste zum Bau des Kastendrachens.

b) Stelle eine Formel auf zur Berechnung der Außenmaße bei gegebener Länge der Karbonstange.

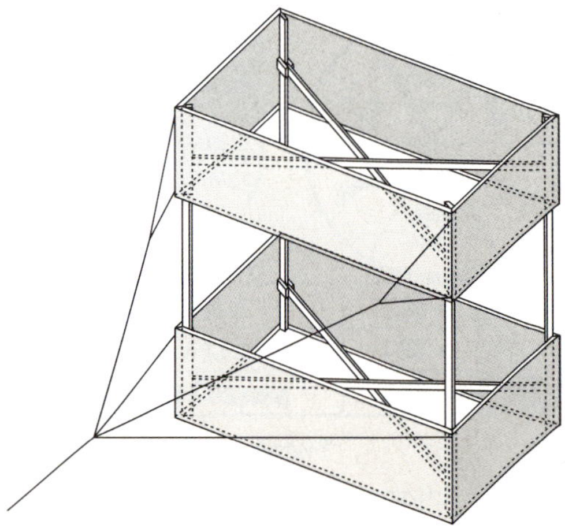

Rennbahn

Erik hat als Geburtstagsgeschenk eine Rennbahn bekommen. Dazu gehören auch zwei Formel-1-Fahrzeuge, die detailgetreue Nachbildungen der Originale im Maßstab 1 : 43 sind.
Erik möchte gerne wissen, wie schnell die kleinen Rennwagen auf dieser Bahn fahren.
Er ermittelt mit einer Stoppuhr, dass die Rennwagen ungefähr drei Sekunden für eine Runde benötigen.
Wie schnell sind die Rennwagen ungefähr?

Test 5

Würfel

Rechts siehst du die Netze zweier Würfel.

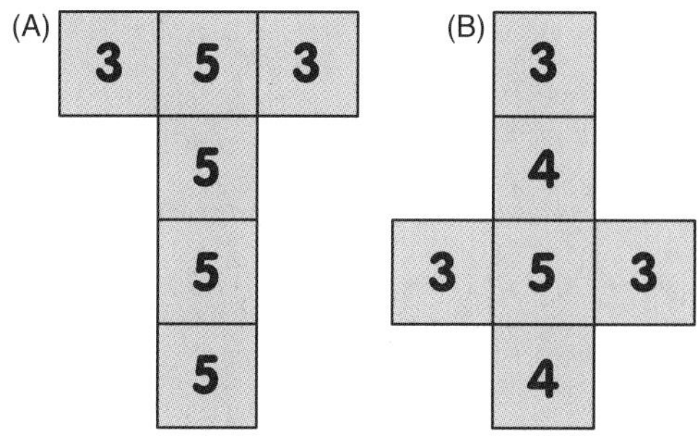

a) Wie groß ist die Wahrscheinlichkeit, mit dem Würfel A eine 5 zu würfeln?

b) Wie groß ist die Wahrscheinlichkeit, dass die Augenzahl bei einem Wurf mit dem Würfel B kleiner als 5 ist?

c) Wie groß ist die Wahrscheinlichkeit, mit einem der beiden Würfel eine 6 zu würfeln?

d) Mit einem der beiden Würfel wurde 300-mal gewürfelt und dabei 139-mal die 3 erzielt. Mit welchem der beiden Würfel wurde vermutlich gewürfelt? Begründe deine Meinung.

e) Beide Würfel werden nun gleichzeitig geworfen. Wie groß ist die Wahrscheinlichkeit
(1) für die Augensumme 8, (2) für einen Pasch?

Bahncard

Peter ist Fußballfan. Er begleitet seine Lieblingsmannschaft häufig zu den Auswärtsspielen. Um die Kosten möglichst gering zu halten, vergleicht er die Angebote der Deutschen Bahn. Durchschnittlich kostet ein Bahnkilometer 0,14 €.

a) Welche 3 Gleichungen beschreiben je einen Vergleich unterschiedlicher Tarife?
(1) $0{,}25x + 10 = 0{,}5x + 103$ (2) $0{,}07x + 103 = 0{,}14x$
(3) $0{,}105x + 103 = 0{,}07x + 10$ (4) $0{,}14x = 0{,}105x + 10$
(5) $0{,}5x + 103 = 0{,}75x + 10$ (6) $0{,}105x + 10 = 0{,}07x + 103$

b) Wie viel Kilometer muss Peter mindestens fahren, damit sich für ihn die Anschaffung einer Jugend-BahnCard 25 oder einer BahnCard 50 lohnt?

Heizkosten

Familie Müller hat für ihr älteres Wohnhaus zurzeit jährliche Heizkosten von etwa 1 200 €. Sie möchte diese Heizkosten senken und zugleich einen Beitrag zum Umweltschutz leisten. Folgende Maßnahmen kommen in Betracht:

- Einbau von Dämmstoffen in die Außenwände — Ersparnis ca. 30 %
- Erneuerung der veralteten Heizungsanlage — Ersparnis ca. 25 %
- Sonnenkollektoranlage mit Wärmespeicher — Ersparnis ca. 20 %
- Wärmeschutzverglasung für die Fenster — Ersparnis ca. 15 %
- Abdichtung der äußeren Hülle des Hauses gegen Wärmeverluste durch unkontrollierte Zugluft sowie Einbau einer Lüftungsanlage mit Wärmerückgewinnung/Wärmetauscher — Ersparnis ca. 10 %

„Das ist ja prima", sagt Herr Müller, „wenn wir alle 5 Maßnahmen durchführen, kommen wir auf 100 % Ersparnis und brauchen in Zukunft gar nichts mehr für das Heizen zu bezahlen."

a) Herr Müller irrt sich. Erkläre den Irrtum.

b) (1) Wie hoch wären die jährlichen Heizkosten der Familie Müller, wenn sie alle 5 Maßnahmen durchführen würde und der Energieverbrauch wie geschätzt zurückginge?
(2) Wie viel % Ersparnis sind das?

Studentenwohnung

Ein Zimmer des Hauses soll für 5,60 € pro m^2 an eine Studentin vermietet werden. Das Zimmer besitzt eine Dachschräge. Unterhalb 2 m Zimmerhöhe (Linie L2) wird die Wohfläche nur zu 50 % berechnet, unterhalb 1 m Zimmerhöhe (Linie L1) bleibt die Wohnfläche unberücksichtigt.

a) Wie hoch ist die Miete?

b) Die Studentin kauft ein 5 m breites Stück Teppichboden. Wie viel m^2 muss sie kaufen, wenn sie den Teppich in einem Stück auslegen will?
Wie viel % Verschnitt hat sie dann?

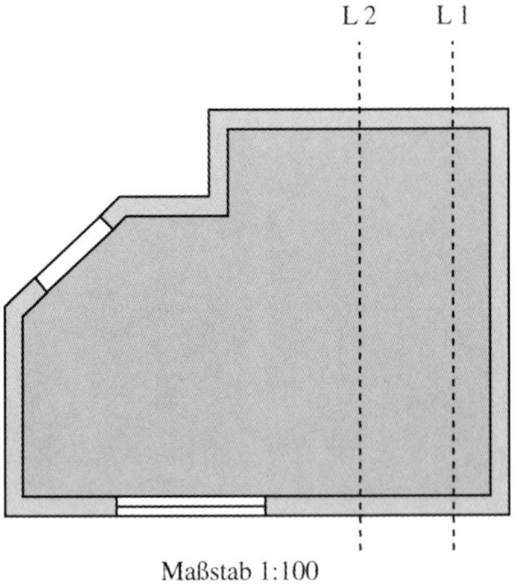

Maßstab 1:100

c) Der Raum soll tapeziert werden. Die Raumhöhe außerhalb der Schräge beträgt 2,36 m. Eine Tapetenrolle ist ungefähr 10 m lang und 50 cm breit. Tür und Fenster bleiben wegen des Verschnitts unberücksichtigt.
Überschlage, wie viele Rollen Tapete eingekauft werden müssen.

Stadt oder Land?

Herr Weyland muss wegen eines Arbeitsplatzwechsels umziehen. Er überlegt, ob er sich eine Wohnung in der Stadt oder auf dem Lande nehmen soll. Ihm wird eine Stadtwohnung angeboten, die 600 € pro Monat kostet.
In einem nahe gelegenen Dorf wird ihm eine gleichgroße Wohnung sehr viel preiswerter angeboten. Allerdings ist von dort aus seine 23 km entfernte Arbeitsstelle nur mit dem Pkw zu erreichen.
Die Fahrtkosten betragen ca. 0,19 € pro gefahrenen Kilometer. Herr Weyland arbeitet an 230 Tagen im Jahr.
Bei welcher Monatsmiete für die Dorfwohnung sind die Kosten in beiden Fällen gleich?

Sportplatz

Eine Runde auf der inneren Laufbahn des abgebildeten Sportplatzes hat eine Länge von 400 m. Die geraden Abschnitte sind jeweils 90 m lang. Hieran schließen sich halbkreisförmige Kurven an.

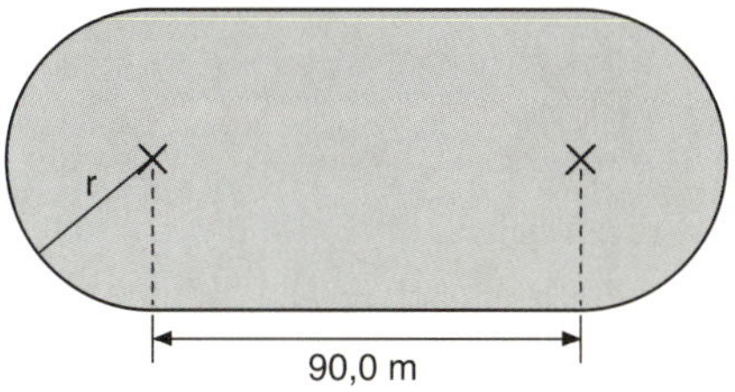

a) Wie groß ist der Radius r der Kurven? Runde auf volle Meter.

b) 15 % der gesamten Innenfläche sind mit Sportanlagen versehen. Auf der restlichen Fläche soll neuer Rasen gesät werden.
Wie viele Großpakete Rasensamen sind notwendig, wenn für 2 500 m^2 ein Paket erforderlich ist?

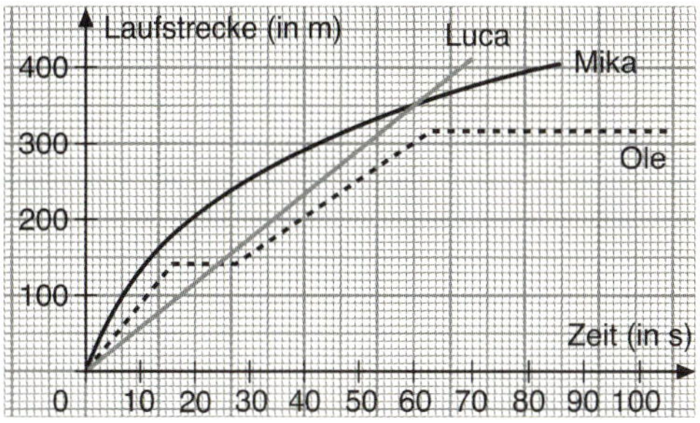

c) Die abgebildeten drei Graphen beschreiben für drei Läufer (Luca, Mika und Ole) den Verlauf eines 400-m-Hürden-Rennens auf dieser Laufbahn.
Wie lange haben die drei Läufer jeweils für diese Strecke gebraucht?

d) Kommentiere wie ein Sportreporter alle entscheidenden Phasen des Rennens.

Hohlkugel

Die Oberfläche der Hohlkugel aus Stahlbeton wurde mit kleinen Pflastersteinen ausgelegt. Diese Steine sind würfelförmig und haben eine durchschnittliche Kantenlänge von 5 cm.

a) Schätze, wie groß der Durchmesser der abgebildeten Kugel ist. Beschreibe dein Vorgehen.

b) Wie viele Pflastersteine wurden für das Auslegen der Oberfläche ungefähr benötigt?

LÖSUNGEN ZU DEN BASISÜBUNGEN

Arithmetik / Algebra

1. $14{,}3 \cdot 3{,}78$ € $\approx 54{,}05$ €; 15,7% von 234,30 € $\approx 36{,}79$ €;
1,80 € : 0,035 $\approx 51{,}43$ €; $\frac{5}{7}$ von 63,40 € $\approx 45{,}29$ €

2. **a)** 5 (3. binomische Formel)
b) 24 (Kommutativgesetz, Wurzelregel)
c) 213 (3. binomische Formel)
d) 82 € $\left(12{,}5\% = \frac{1}{8}\right)$
e) $4{,}2 \cdot 10^{12}$ (Zehnerpotenzen)
f) 67 (Distributivgesetz)

3. **a)**

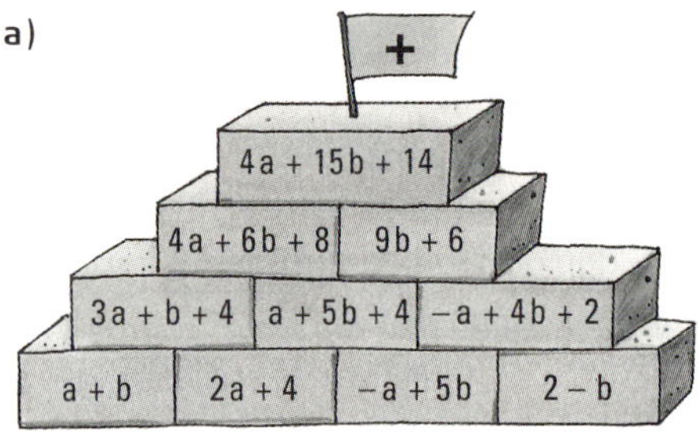

b)

4. 11 463,75 € **5.** 38 400 € **6.** 176 km **7.** 120 km **8.** 75 Säcke

9. 65 m lang, 42 m breit **10.** 49 m lang, 25 m breit **11.** 3 m

12. **a)** 12,96 m^2 **b)** 2,48 m

13. 60 $\frac{km}{h}$ **14.** 65 m^2

15. **a)** Mittelwert
b) $K_1 = 10\,847{,}83$ €; $K_2 = 10\,847{,}90$ € – Die Differenz kann vernachlässigt werden.

Funktionen

1. ja (23,60 €)

2. 1 h 52 min

3. 60 Randsteine

4. **a)** 18,75% **b)** ca. 2,6%

5. **a)** Grundgebühr 175 €; 0,90 €/m^3 **b)** 251,50 € **c)** 120 m^3

6. große Amplitude (A) → starke Auslenkung der Feder
Kleinere Periodenlänge (B) → härtere Feder
Größere Periodenlänge (A oder C) → weiche Feder

7. A: $y = (x + 3)^2 - 2$ C: $y = x^2 + 2$ E: $y = -x^2 + 4$ G: $y = -(x - 3)^2$
B: $y = x^2 - 4$ D: $y = (x - 2)^2 + 1$ F: $y = -(x + 1)^2 + 2$ H: $y = -x^2 - 1$

8. **a)** bei der Hausbank (Endkapital nach 15 Jahren: 5 014,76 €)
b) 3 623,87 €

9. **a)** um 470%
b) exponentielles Wachstum: alle 4 Jahre verdreifacht sich die Anzahl bzw. alle 2,5 Jahre verdoppelt sich die Anzahl
c) etwa 1 200 000 000 Anbieter
d) die Zahl der Internet-Anbieter kann nicht beliebig steigen

10. **a)** 12 Stunden (27 Stunden, 48 Stunden, 45 Minuten)
b)

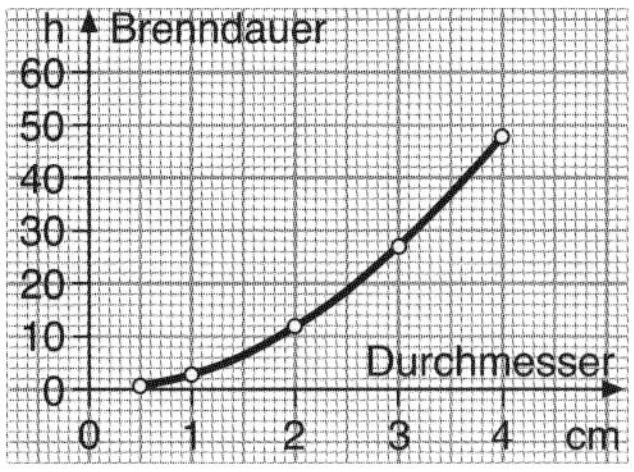

c) bei zunehmender Höhe der Kerze wird der Graph gestreckt (bei abnehmender Höhe gestaucht)

Geometrie

1. Seitenlänge: 25 m

2. **a)** $A \approx 176{,}71\ m^2$ **b)** $u \approx 47{,}12$ m

3. Deutschland – achsensymmetrisch; Australien – nicht symmetrisch;
Jamaika – achsen- und punktsymmetrisch; Israel – achsen- und punktsymmetrisch

4. **a)** $\beta = 45°$, $\gamma = 90°$ **b)** $A = 50\ cm^2$ **c)** $u \approx 34{,}14$ cm

5. $V \approx 56\,548{,}67\ cm^3$; $O \approx 9\,424{,}78\ cm^2$

6. **a)** $\approx 2\,062$ m **b)** $\approx 21\%$

7. 16 000 Sekunden oder ungefähr 267 Minuten oder ungefähr 4 Stunden und 27 Minuten

8. 17,5 cm

9. **a)** $|MB| = \sqrt{2}$; $|MC| = \sqrt{3}$; $|MD| = \sqrt{4}$; $|ME| = \sqrt{5}$
b) Die entstandene Zeichnung ähnelt einer Schnecke. Dabei ist die als nächstes konstruierte Strecke jeweils Hypotenuse im alten Teildreieck und Kathete im neuen Teildreieck.

10. $\alpha = 36°$; $\gamma = 102°$

11. Alle drei Figuren (Rechteck, Parallelogramm, Dreieck) haben den gleichen Flächeninhalt $A = 1\,200\ cm^2$.

12. 7 m

13. $V_{Kegel} \approx 234{,}57\ cm^3$; $O_{Kegel} \approx 233{,}24\ cm^2$
$V_{Quader} = 240\ cm^3$; $O_{Quader} = 248\ cm^2$
$V_{Pyramide} \approx 298{,}67\ cm^3$; $O_{Pyramide} \approx 296{,}96\ cm^2$

14. $V \approx 5\,792{,}19\ m^3$

15. **a)** $a \approx 8{,}9$ cm; $\alpha \approx 107{,}6°$; $\gamma \approx 32{,}4°$
b) $a \approx 2{,}2$ cm; $\beta \approx 29{,}4°$; $\gamma \approx 127{,}6°$

Stochastik

1. a)

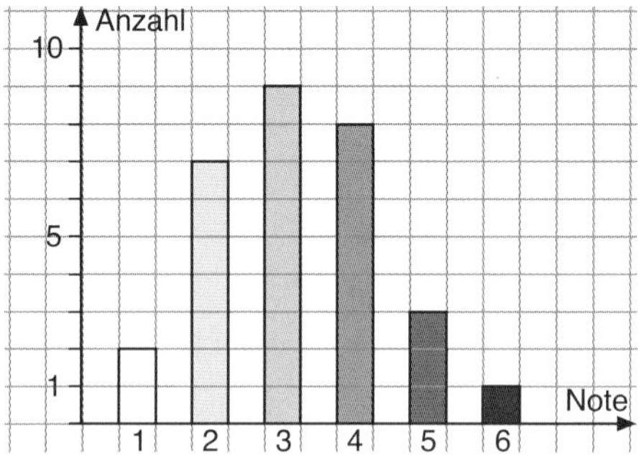

b)

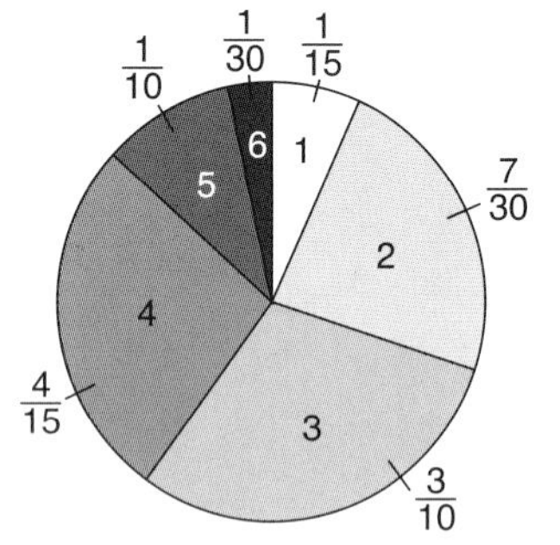

2. a)

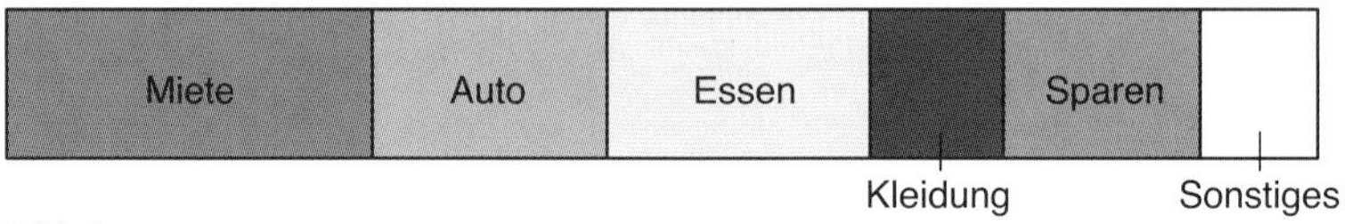

b) 266 €

c) Auto: 171 €
Essen: 190 €
Kleidung: 95 €
Sparen: 142,50 €
Rest: 85,50 €

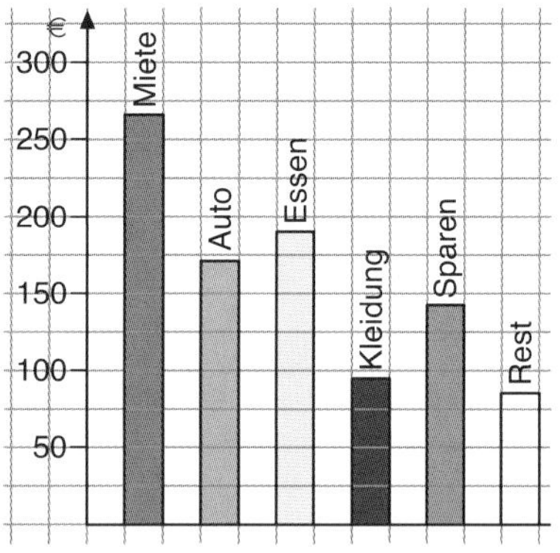

3. a) arithmetisches Mittel: 158,76 €
Median (Zentralwert): 155,55 €
Spannweite: 76,50 €

b) Das arithmetische Mittel ist der durchschnittliche Preis; man teilt die Summe der einzelnen Preise durch 7. Der Median (Zentralwert) ist der mittlere, vorhandene Preis.

c) 177,46 €

4. a) Aus Symmetriegründen gilt: P(1) = P(2)
Ergebnis: $P(1) \approx \frac{80}{200} = 40\%$
$P(2) \approx \frac{80}{200} = 40\%$
$P(3) \approx 20\%$

b) Die Wahrscheinlichkeit, eine Zwei zu würfeln, beträgt weiterhin 40%.

5.

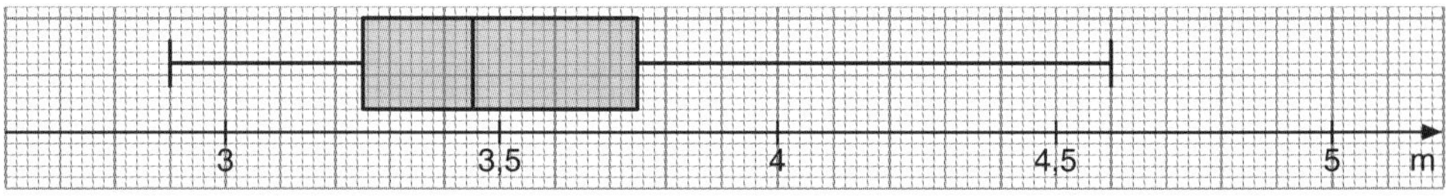

Kleinster Wert:	2,90 m	oberes Quartil:	3,75 m
unteres Quartil:	3,25 m	größter Wert:	4,60 m
Median (Zentralwert):	3,45 m		
arithmetisches Mittel:	3,57 m		

6. geringste Miete: 3,00 € pro m^2
höchste Miete: 10,50 € pro m^2
Spannweite: 7,50 € pro m^2
unteres Quartil: 4,30 € pro m^2
oberes Quartil: 7,00 € pro m^2
Median (Zentralwert): 5,00 € pro m^2

25% der Mieten liegen zwischen 4,30 € und 5,00 € pro m^2.
Am größten ist die Streuung im oberen Viertel.
25% der Mieten liegen zwischen 7,00 € und 10,50 € pro m^2.

7. a) $4 \cdot 6 = 24$
b) (1) $P((3|2)) = \frac{1}{24}$
(2) $P(\text{Summe} < 5) = \frac{6}{24} = \frac{1}{4}$
(3) $P(\text{ungerade Zahlen}) = \frac{6}{24} = \frac{1}{4}$
(4) $P(\text{Pasch}) = \frac{4}{24} = \frac{1}{6}$

8. a) 63 **b)** $\frac{3}{120} = \frac{1}{40} = 2{,}5\%$ **c)** $0{,}975^2 \approx 0{,}951 = 95{,}1\%$

9. a) Behälter 1: $P(\text{rot}) = \frac{8}{20} = 40\%$
Behälter 2: $P(\text{rot}) = \frac{7}{19} \approx 36{,}8\%$
Behälter 3: $P(\text{rot}) = \frac{15}{45} \approx 33{,}3\%$
Behälter 4: $P(\text{rot}) = \frac{6}{15} = 40\%$
Antwort: Behälter 1 oder Behälter 4

b) $P(\text{gleichfarbige Kugeln}) = \frac{15}{45} \cdot \frac{14}{44} + \frac{30}{45} \cdot \frac{29}{44} \approx 0{,}545 = 54{,}5\%$

10. Dem Diagramm entnehmen wir
2004: 361 Autounfälle
2005: 376 Autounfälle
Zunahme: 15 Autounfälle, das sind ca. 4,2%.
Dies ist eine deutliche, aber keine dramatische Zunahme.

LÖSUNGEN ZU DEN TESTAUFGABEN

Test 1

Kinobesuch

$3{,}5x + 25 = 6x;\ x = 10$ Man müsste mindestens 11 Kinobesuche machen.

Volumenveränderung

A → 2 B → 1 C → 9 D → 7 E → 6

Straßensteigung

a) Aus der in der Aufgabenstellung gegebenen Steigung von 12% lässt sich ermitteln, dass die Straße einen ungefähren Höhenunterschied von 276 m überwindet. Sinnvolle Schätzungen liegen zwischen 230 m und 300 m.

b)

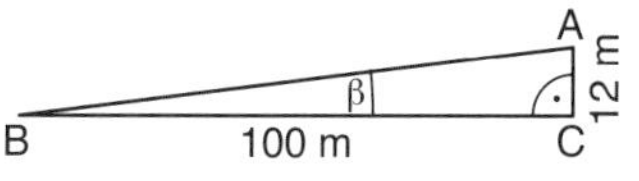

Für das rechtwinklige Dreieck ABC gilt:

$\tan\beta = \frac{\text{Gegenkathete}}{\text{Ankathete}} = \frac{12\text{ m}}{100\text{ m}}$

Der Steigungswinkel beträgt somit ungefähr 7°.

c) Das kann man z. B. zeichnerisch deuten: Wenn man 100 m nach rechts geht, muss man auch 100 m nach oben gehen, d. h. der Steigungswinkel beträgt 45°.

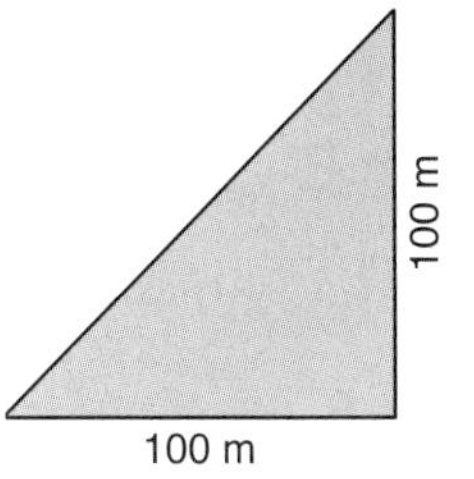

d) Auf dem Schild steht eine Steigung von 7,5 %.

Mobilfunk

a) um 23,12 Mio. Teilnehmer

b) um den Faktor 1,2 (gerundet)

c) um 204 % (gerundet)

Chemietests

a) $(38 + 29 + 44) : 3 = 37$ (Punkte)

b) $(38 + 29 + 44 + x) : 4 = 40 \quad | \cdot 4 \quad | -(38 + 29 + 44)$

$x = 49$

Stefan muss mindestens 49 Punkte erreichen.

Container

a) $V_Q - V_{Schrä} = (1{,}63\text{ m} \cdot 1{,}55\text{ m} \cdot 2{,}01\text{ m}) - \left(\frac{0{,}46\text{ m} \cdot 1{,}55\text{ m} \cdot 0{,}66\text{ m}}{2}\right)$

$\approx 4{,}84\text{ m}^3$

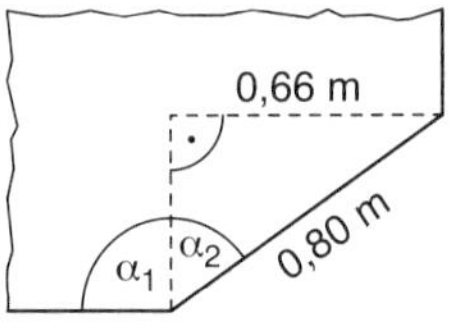

b) Durch Einzeichnen eines geeigneten rechtwinkligen Dreiecks wird der gesuchte Winkel α in einem rechten Winkel α_1 und den Restwinkel α_2 aufgeteilt.

$\sin\alpha_2 = \frac{0{,}66\text{ m}}{0{,}80\text{ m}} = 0{,}825; \quad \alpha_2 = 55{,}6°; \quad \alpha = \alpha_1 + \alpha_2 = 90° + 55{,}6° = 145{,}6°$

Stromkosten

a) Tarif A: $y = 0{,}1694x + 50$ Tarif B: $y = 0{,}156x + 76{,}56$

b) $0{,}1694x + 50 = 0{,}156x + 76{,}56; \; x = 1\,982{,}09$

Der Verbrauch müsste mindestens 1 983 kWh (gerundet) sein.

c) Familie Kleinschmidt zahlt 700,56 €.

d) Sie spart gegenüber dem Tarif A 27,04 €.

Taschengeld

- 30 € ist der Median und kein Durchschnittswert. Aussage (1) ist falsch, aber Aussage (6) ist richtig.
- größter Wert – kleinster Wert = 65 € – 15 € = 50 €, d. h. die Aussage (2) ist richtig.
- Die Aussage (3) ist falsch. Beide Gruppen sind gleich groß und betragen jeweils 25 % aller Befragten.
- Die Aussage (4) ist falsch. 30 € ist der Median und nicht der Modalwert.
- Die Box in der Mitte entspricht 50 % der Befragten. Sie geht hier von 25 € bis 40 €. Die Aussage (5) ist also richtig.
- Die Ausdehnung des oberen Viertels ist am größten, somit ist die Aussage (7) richtig.

Leuchtfeuer und Satelliten

a) Das hängt von der Höhe des Betrachters ab. Angenommen, man liegt flach (auf Meereshöhe) in einem Schlauchboot, dann erhält man mit dem Satz des Pythagoras:

$x = \sqrt{(6\,370{,}115\text{ km})^2 - (6\,370\text{ km})^2} \approx 38{,}27\text{ km}$

Beachte: Je höher man sich über dem Meeresspiegel befindet, desto größer ist die Entfernung, aus der man das Leuchtfeuer sehen kann.

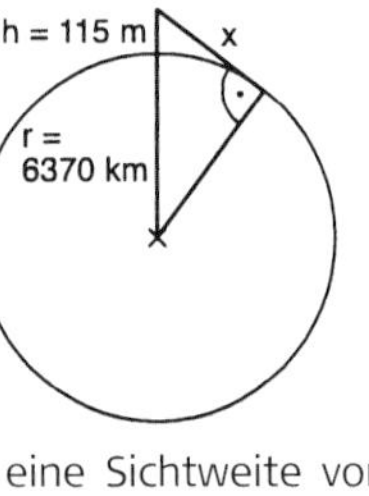

b) Mit derselben Vorgehensweise wie bei Aufgabenteil a) erhält man eine Sichtweite von ungefähr 4,92 km.

c) Mit der Kreisumfangsformel erhält man für eine Erdumrundung:
$u = 2\pi r = 2\pi \cdot (6\,370 \text{ km} + 580 \text{ km})$
$\approx 43\,668{,}14 \text{ km}$

d) Der Satellit bewegt sich mit einer Geschwindigkeit von ungefähr $29\,100 \frac{\text{km}}{\text{h}}$.

Energie-Mix

a) Die Summe der angegebenen Werte ergibt 485,8 Mio. t SKE;
das sind 485,8 Mio. · 1 000 · 8,14 kWh = 3,954 Billionen kWh = $3{,}954 \cdot 10^{12}$ kWh
(1 t = 1 000 kg)

b) Erdgas: 110,4 Mio. t SKE = $110{,}4 \cdot 10^9$ SKE
$\cdot 110{,}4 \cdot 10^9$: 1 SKE → $1 \text{ m}^3 : 1{,}35 = 0{,}74 \text{ m}^3$ Erdgas
$110{,}4 \cdot 10^9$ SKE → $81{,}7 \cdot 10^9 \text{ m}^3$ Erdgas

c) Kernenergie: 60,7 Mio. t SKE; insgesamt: 485,8 Mio. t SKE
Prozentsatz: $p\% = \frac{60{,}7}{485{,}8} \approx 0{,}125 = 12{,}5\%$

d)

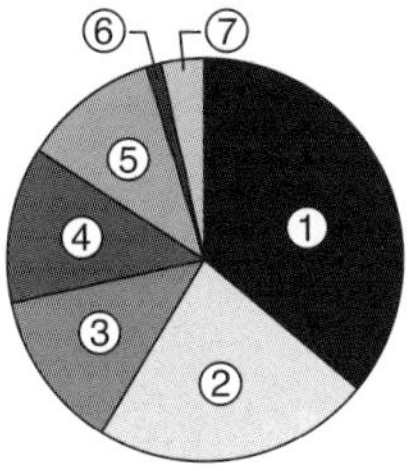

① Mineralöl:	36,0%
② Erdgas:	22,7%
③ Steinkohle:	12,9%
④ Kernenergie:	12,5%
⑤ Braunkohle:	11,2%
⑥ Wasser- u. Windkraft:	1,2%
⑦ Sonstiges:	3,5%

Vorteil: Man sieht besser auf einen Blick, wie groß die einzelnen Anteile bezogen auf die Gesamtmenge sind.

e) Alexa rechnet richtig. Der Grundwert ist der Verbrauch im Jahr 2004. Dieser hat sich 2005 um 4,6% verringert.
62,8 Mio. t SKE ist also der Prozentwert.
Der zugehörige Prozentsatz ist 100% − 4,6% = 95,4%.

Holstentor

a) Um den Durchmesser und die Höhe der Türme abzuschätzen, kann man die Körpergröße der vor dem Holstentor stehenden Personen als Bezugspunkt nutzen. Geht man davon aus, dass die Personen im realen Leben z. B. 1,80 m groß sind, erhält man für den Turmdurchmesser ungefähr 10 m und für die Turmhöhe ungefähr 16 m. Mit den Formeln für das Volumen und die Oberfläche eines Kegels ergibt sich:

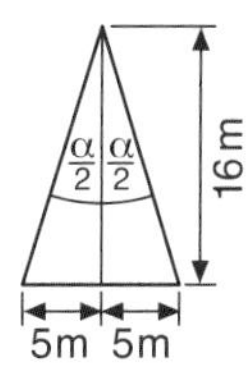

$V = \frac{1}{3} \cdot \pi \cdot r^2 \cdot h = \frac{1}{3} \cdot \pi \cdot (5 \text{ m})^2 \cdot 16 \text{ m} \approx 420 \text{ m}^3$
$M = \pi \cdot r \cdot s = \pi \cdot 5 \text{ m} \cdot 16{,}8 \text{ m} \approx 265 \text{ m}^2$, wobei $s = \sqrt{r^2 + h^2}$

b) Mit den geschätzten Werten aus Teilaufgabe a) ergibt sich für $\frac{\alpha}{2}$:
$\tan\frac{\alpha}{2} = \frac{5}{16} = 0{,}3125$; $\frac{\alpha}{2} \approx 17{,}35°$; $\alpha \approx 34{,}7°$

Parabelschiff

a) [a] $y = 1{,}25x + 5{,}25$ [c] $y = -1$ [e] $y = -2$
[b] $y = -1{,}25x + 2{,}75$ [d] $x = -1$ [f] $y = \frac{1}{8}(x+1)^2 - 4$

b) [f*] $y = \frac{1}{8}x^2 - 4$

c) Die Funktionsgleichungen [c] und [e] verändern sich nicht.

d) $y = \frac{3}{32}(x+1)^2 - 3{,}5$

Test 2

Grundstücke

a) Die Grundstücke A_1 und A_2 haben die Form eines Parallelogramms, A_3 die eines Dreiecks, A_4 und A_5 die eines Rechteckes.

$A_1 = 20\ m \cdot 26\ m = 520\ m^2$; $A_2 = 20\ m \cdot 41\ m = 820\ m^2$

$A_3 = 4\ m \cdot 19\ m + \frac{30\ m \cdot 19\ m}{2} = 361\ m^2$; $A_4 = 28\ m \cdot 34\ m = 952\ m^2$; $A_5 = 27\ m \cdot 25\ m = 675\ m^2$

b) Die Gesamtfläche aller Grundstücke beträgt $3\,328\ m^2$.
Mit einem Grundstückspreis von 70,50 € pro m^2 ergibt sich:
$3\,328\ m^2 \cdot 70{,}50\ \frac{€}{m^2} = 234\,624\ €$

c) A_1 kostet $520\ m^2 \cdot 70{,}50\ \frac{€}{m^2} \cdot 1{,}2 = 43\,992\ €$, A_5 kostet $675\ m^2 \cdot 70{,}50\ \frac{€}{m^2} \cdot 1{,}2 = 57\,105\ €$.

Reisekosten

Jeder Schüler muss 11,85 € zahlen.

Schülersprecherwahl

a) Das stimmt nicht. Tim hat 114 und Lisa 178 Stimmen erhalten.

b) Anzahl der Stimmen für Ralf:
$465 - 114 - 178 - 66 = 107$

c) Anzahl aller Schüler(innen)
$465 : 0{,}75 = 620$
Lisas Anteil: $\frac{178}{620} \approx 0{,}29 = 29\%$

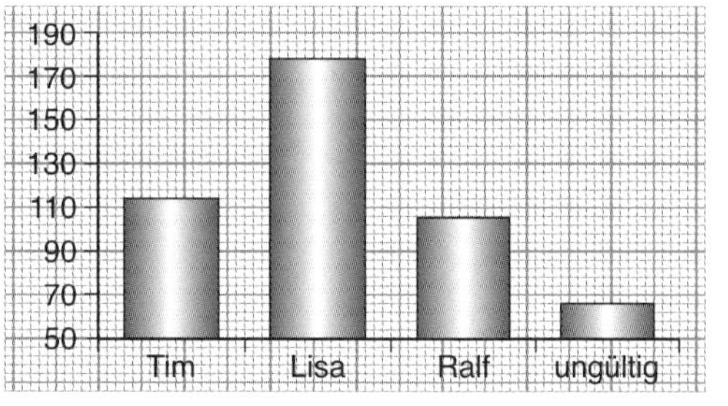

Seitenlänge eines Würfels

1. Weg:
Es gilt: $V = a^3$
Verlängert man die Seitenlänge um 1 cm, so erhält man
$(a + 1)^3 = a^3 + 91$
$3a^2 + 3a - 90 = 0$
$a_1 = 5$; $a_2 = -6$
Da eine Länge nicht negativ sein kann, gilt a = 5 cm.

2. Weg: Systematisches Probieren (Tabelle)
Man kann z. B. durch Probieren herausbekommen, dass die ursprüngliche Seitenlänge 5 cm beträgt.

$\left.\begin{array}{l} a = 5\ cm;\ V = 125\ cm^3 \\ a = 6\ cm;\ V = 216\ cm^3 \end{array}\right\}$ Differenz: $91\ cm^3$

Jährliche Fahrkosten

a) Die Entfernung beträgt 18 km.

b) Die jährlichen Verbrauchskosten betragen 1 250,64 €.

Aufforstung

a) Das Gebiet würde um 28,25 ha vergrößert werden, das sind 3,7% (gerundet).

b) Das Gebiet würde um 0,6% (gerundet) verkleinert werden.

Wahl

a) Die Säulen bei Gewinnen/Verlusten zeigen anschaulich Ausschläge nach oben und unten, hierzu ist eine x-Achse nötig.
Das Kreisdiagramm zur Sitzverteilung zeigt anschaulich den Anteil der einzelnen Parteien **an der Gesamtheit** der Sitze.
Üblich ist es, das Wahlergebnis in Säulen- oder Streifendiagrammen darzustellen.
Da die einzelnen Prozentsätze in Tabelle 1 aber insgesamt 100% ergeben, kann man auch ein Kreisdiagramm verwenden.

b) Gewinne: +6,8% Verluste: −6,8% Die Werte müssen den gleichen Betrag und verschiedene Vorzeichen haben, da die prozentualen Verluste der einen Partei zu prozentualen Gewinnen einer jeweils anderen Partei werden.

c) Insgesamt gibt es 83 Sitze, zur absoluten Mehrheit werden also mindestens 42 Sitze benötigt.
geringste Mehrheit: SDU-FVP: 42 breiteste Mehrheit: SDU-CDP: 66
SDU könnte mit allen anderen Parteien koalieren, die CDP mit GRP und SDU.

d) Wir müssen nur die stärkste Partei betrachten: die SDU.
Diese erreichte 42,5% von 62% der Wahlberechtigten.
42,5% von 62: $\frac{42,5}{100} \cdot 62 = 26,35$
Sie ist also von 26,35% aller Wahlberechtigten und damit von mehr als einem Viertel gewählt worden. Der Wahlberichterstatter hat Unrecht.

Windmühle

a) Die abgeschnittenen gleichschenklig-rechtwinkligen Dreiecke haben die Hypotenusenlänge x und die Kathetenlänge $\left(25 - \frac{x}{2}\right)$.
Alle vier Dreiecke kann man zu einem Quadrat mit der Seitenlänge x zusammenlegen.
Daraus folgt die Gleichung:

$$x^2 = 4 \cdot \frac{\left(25 - \frac{x}{2}\right)^2}{2} = 2 \cdot \left(25 - \frac{x}{2}\right)^2 = 2 \cdot \left(625 - 25x + \frac{x^2}{4}\right)$$
$$= 1\,250 - 50x + \frac{x^2}{2}$$
$$x^2 + 100x = 2\,500$$
$$x \approx 20,7 \text{ cm}$$

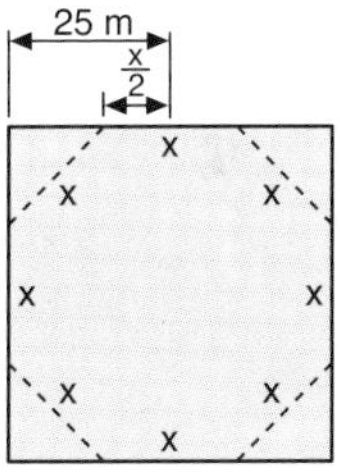

b) Die Gesamtfläche beträgt 2 071 cm^2 (gerundet).

c) Es entsteht 17,2% Abfall (gerundet).

d) $x^2 = 2 \cdot \left(\frac{a}{2} - \frac{x}{2}\right)^2$
$x = a\left(\sqrt{2} - 1\right)$

WM-Fußball

a) Mit den Formeln für die Oberfläche und das Volumen einer Kugel ergibt sich unter Berücksichtigung der Höhe (des Durchmessers) des WM-Balls von 43 m:
$V = \frac{4}{3}\pi r^3 = \frac{4}{3}\pi\,(21,5 \text{ m})^3 \approx 41\,630 \text{ m}^3$; $O = 4\pi r^2 = \pi\,(21,5 \text{ m})^2 \approx 5\,809 \text{ m}^2$

b) Hierzu muss man den Durchmesser eines Fußballs und die Körpergröße eines Fußballers im realen Leben schätzen. Hat z. B. ein Fußball im realen Leben einen Durchmesser von 22 cm, dann ist der Ball in Rust ca. 200-mal so groß.
Geht man davon aus, dass ein Fußballer im realen Leben z. B. 1,80 m groß ist, dann müsste ein Spieler, der zu dem Ball in Rust passt, auch ca. 200-mal so groß sein. In diesem Fall wäre der Spieler 360 m groß (z. B. Höhe des Eiffelturms: 300 m).

c) Geht man davon aus, dass ein Spielfeld im realen Leben ungefähr 100 m lang ist, dann ergibt sich aus denselben Überlegungen wie bei Aufgabenteil b) eine Spielfeldlänge von 20 km.

Parabeln und Geraden

a) [a] $y = -0,2x^2 + 5$ [b] $y = -0,08x^2 + 2$ [c] $y = -x - 5$ [d] $y = x - 5$

b) mit $y = -ax^2 + e$ verringert sich der Streckfaktor a um jeweils 0,04 und e verringert sich jeweils um 1

c) [c*] $y = -x + 2$ [d*] $y = x + 2$

Flugangst

Insgesamt wurden 150 + 450 = 600 Personen befragt; davon hatten 24 + 63 = 87 Personen Flugangst.
In Prozent: $\frac{87}{600} = 0,145 = 14,5\% \approx \frac{1}{7}$
Die erste Aussage ist also richtig.
Die zweite Aussage ist falsch. Es wurde nicht beachtet, dass dreimal so viele Männer wie Frauen befragt wurden.
Anteil der Frauen mit Flugangst: $\frac{24}{150} = 0,16 = 16\%$ Anteil der Männer mit Flugangst: $\frac{63}{450} = 0,14 = 14\%$

Test 3

Theaterabonnement

In jeder Vorstellung sind noch 62,5% der Plätze im freien Verkauf erhältlich.

Buchstabenwürfel

Es ist der Buchstabe C.

Pkw oder Bus?

a) Der Preis pro Liter Kraftstoff darf maximal 1,45 € betragen.

b) Unterhaltungskosten des Autos und Abnutzung sind nicht berücksichtigt.

Sparguthaben

a) Die Sparguthaben haben insgesamt abgenommen. Dabei fällt auf, dass 2004 das Sparguthaben der Mädchen höher war als das der Jungen und sich dieses Verhältnis 2005 gerade umgekehrt hat.

b) Der Grundwert ist jeweils das Sparguthaben in 2004.

(1) $p\% = \frac{590\text{ €} - 535\text{ €}}{590\text{ €}} \approx 0{,}093 = 9{,}3\%$

(2) $p\% = \frac{635\text{ €} - 500\text{ €}}{635\text{ €}} \approx 0{,}213 = 21{,}3\%$

(3) Gehen wir davon aus, dass es ungefähr gleich viele Jungen und Mädchen gibt, dann können wir das arithmetische Mittel bilden.
2004: $(590\text{ €} + 635\text{ €}) : 2 = 612{,}50\text{ €}$
2005: $(535\text{ €} + 500\text{ €}) : 2 = 517{,}50\text{ €}$
$p\% = \frac{612{,}50\text{ €} - 517{,}50\text{ €}}{612{,}50\text{ €}} \approx 0{,}155 = 15{,}5\%$

c) 1,7 Mio. der 6- bis 13-Jährigen besaßen 2005 ein Handy. In Deutschland gab es 2005 schätzungsweise 8,8 Mio. Jugendliche in dem Alter (ca. 1,1 Mio. pro Jahrgang).

$p\% = \frac{1{,}7\text{ Mio.}}{8{,}8\text{ Mio.}} \approx 0{,}193 = 19{,}3\%$

Ca. 20% der 6- bis 13-Jährigen besaßen 2005 ein Handy.

Zuordnungstabellen

a) proportional (Quotientengleichheit); $6{,}2\text{ m}^3$ $(y = 7{,}85x)$

b) quadratisch; 6 250 Liter $(y = 0{,}1x^2)$

c) antiproportional (Produktgleichheit); 21,875 kg $\left(y = \frac{1400}{x}\right)$

d) keine proportionale/antiproportionale Zuordnung (keine Quotientengleichheit/keine Produktgleichheit)

Gehalt

1 720 €

Tischdecke

Der Tisch ist quadratisch. Die Tischfläche beträgt somit $90\text{ cm} \cdot 90\text{ cm} = 8\,100\text{ cm}^2$.
Die Tischdecke lässt sich in zwei Dreiecke zerlegen, deren Grundseite die Diagonale der Tischdecke bildet. Für den Flächeninhalt der Tischdecke erhält man unter Nutzung der Dreiecksformel:

$2 \cdot \left(\frac{150\text{ cm} \cdot 75\text{ cm}}{2}\right) = 11\,250\text{ cm}^2$

Die Tischdecke ist also ungefähr 39% größer als der Tisch.

Füllstand von Heizöltanks

a) 7 000 Liter

b) Januar/Februar: 1 500 Liter pro Monat; März bis Juli: 500 Liter pro Monat; August bis Dezember: 700 Liter pro Monat

c) durchschnittlich im Jahr: 750 Liter pro Monat

d) Anfang Februar

Nettoverkaufspreis

a) ca. 960 € **b)** NvK = 1,99010775 · M **c)** NvK = 985,10 € **d)** 432,14 €

Crosslauf

a) Länge des Streckenzuges 11,1 cm. Das entspricht einer Länge von 16,650 km.

b) Der Streckenzug muss auf der Karte 28,1 cm lang sein.

c) Ein Rundkurs hat auf der Karte eine Länge von 12,7 cm. Der Kurs muss also zweimal durchlaufen werden und in Lindau gestartet werden, wobei entgegen dem Uhrzeigersinn gelaufen wird.

Handy-Tarife

a) Handelt es sich bei den Tarifen um proportionale Zuordnungen, so muss gelten:
Telefoniert man doppelt so lange, so muss man doppelt so viel zahlen.
Das gilt nicht für Tarife mit Grundgebühr, Mindestumsatz und minutengenauer Abrechnung.
Also handelt es sich nur bei den Tarifmodellen (3) und (6) um proportionale Zuordnungen.

b)

Gesprächsdauer	Tarif (2)	Tarif (3)	Tarif (4)
00:03:45	1,01 €	1,01 €	1,01 €
00:06:11	1,67 €	1,67 €	1,67 €
00:02:57	0,80 €	0,80 €	0,80 €
00:00:34	0,15 €	0,15 €	0,15 €
00:04:01	1,08 €	1,08 €	1,08 €
Grundgebühr	4,95 €	–	–
Mindestumsatz	5,00 €	–	15,00 €
Gesamt	9,95 €	4,71 €	15,00 €

Abgeschnittener Würfel

a) Das Kantenmodell besteht aus gleich langen Stücken.

b) k ist die Kantenlänge des Restkörpers. Es gilt (Pythagoras):

$k = \sqrt{\left(\frac{a}{2}\right)^2 + \left(\frac{a}{2}\right)^2} = \frac{a}{\sqrt{2}}$ und für die gesamte Kantenlänge $l = 3 \cdot 8 \cdot \frac{a}{\sqrt{2}} = \frac{24a}{\sqrt{2}}$

c) Die Gesamtlänge der Kanten beträgt 135,8 cm.

d) Es wird jeweils ein Tetraeder mit dem Volumen von $10\frac{2}{3}$ cm³ abgeschnitten.

e) Das Volumen hat sich um $16\frac{2}{3}$ % verringert.

Test 4

Briefmarken

a) (1) beschreibt, dass die Briefmarke A um 10 (Ct) teurer ist als die Briefmarke B
(2) wie (1)
(3) beschreibt, dass eine Briefmarke der Sorte A und eine Briefmarke der Sorte B zusammen 100 (Ct) kosten
(4) beschreibt, dass 2 Briefmarken der Sorte A und 3 Briefmarken der Sorte B zusammen 245 (Ct) kosten.

b) Die Briefmarke A kostet 55 (Ct), die Briefmarke B kostet 45 (Ct).

Pakete

$V_{XS} = 22{,}5\text{ cm} \cdot 14{,}5\text{ cm} \cdot 13\text{ cm} = 4\,241{,}25\text{ cm}^3$
$V_{XL} = 50\text{ cm} \cdot 30\text{ cm} \cdot 20\text{ cm} = 30\,000\text{ cm}^3$
$O_{XS} = 2 \cdot (22{,}5\text{ cm} \cdot 14{,}5\text{ cm}) + 2 \cdot (22{,}5\text{ cm} \cdot 13\text{ cm}) + 2 \cdot (14{,}5\text{ cm} \cdot 13\text{ cm}) = 1\,614{,}50\text{ cm}^2$
$O_{XL} = 2 \cdot (50\text{ cm} \cdot 30\text{ cm}) + 2 \cdot (50\text{ cm} \cdot 20\text{ cm}) + 2 \cdot (30\text{ cm} \cdot 20\text{ cm}) = 6\,200\text{ cm}^2$

Kerzenschein

a) Die Kerze K1 ist dünner.

b) nach 1 h und 45 min, also um 21.45 Uhr

c) K1: 2 h 15 min K2: 5 h 20 min

d) 45 Minuten

Glücksspielautomat

a) Auf 2 von 8 gleichgroßen Feldern sind Kirschen. Somit erhalten wir: $P(\text{Kirsche}) = \frac{2}{8} = 25\%$

b) Baumdiagramm

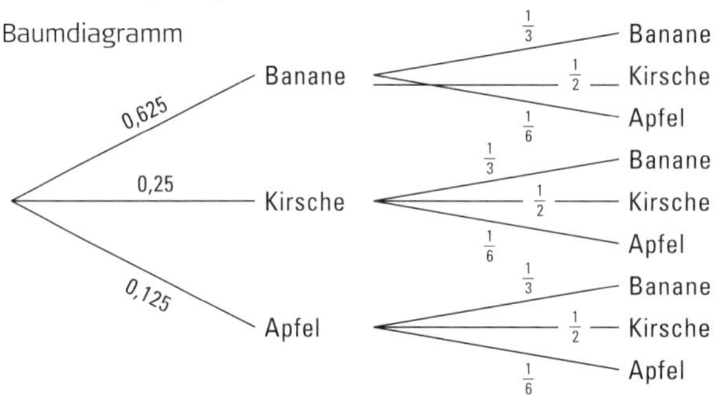

$P(\text{Banane}|\text{Apfel}) = 0{,}625 \cdot \frac{1}{6} \approx 0{,}104 = 10{,}4\%$ (Pfadregel)

c) $P(\text{kein Gewinn}) = 1 - P(\text{Gewinn})$

$$= 1 - (P(B|B) + P(K|K) + P(E|E))$$
$$= 1 - \left(0{,}625 \cdot \tfrac{1}{3} + 0{,}25 \cdot \tfrac{1}{2} + 0{,}125 \cdot \tfrac{1}{6}\right)$$
$$\approx 0{,}646 = 64{,}6\%$$

d) Bei 1 000 Spielen gilt: Wahrscheinlichkeit ≈ relative Häufigkeit

	Banane | Banane	Kirsche | Kirsche	Apfel | Apfel
relative Häufigkeit	0,208	0,125	0,021
absolute Häufigkeit	208	125	21
Gewinnauszahlung	104 €	125 €	105 €

Gewinn: 1 000 · 0,50 € – 104 € – 125 € – 105 € = 166 €

Tornado Pizza

Bedenkt man, dass der Preis der Pizzen linear wächst, der Flächeninhalt allerdings quadratisch, so ist es z. B. lohnend, für 6 € eine Jumbo-Pizza anstatt zweier Mini-Pizzas zu kaufen. Hier zahlt man zwar doppelt so viel, bekommt aber viermal so viel Pizza.

Wachstumsformen

a) lineare Zunahme (A)

b) exponentielle Zunahme (C)

c) lineare Abnahme (B)

d) exponentielle Abnahme (D)

e) exponentielle Abnahme (D)

f) lineare Abnahme (B)

g) quadratische Zunahme (E)

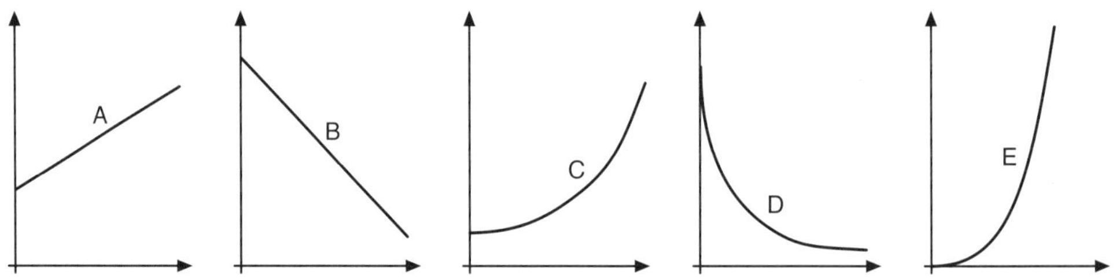

Erdgas

a) Aus Russland wurden 2005 ca. 35% des Erdgasverbrauchs importiert. Insgesamt betrug der Erdgasverbrauch 82 Mio. m^3.
35% von 82 Mio. m^3 = 82 Mio. $m^3 \cdot 0{,}35 = 28{,}7$ Mio. m^3

b)

1 m^3	11,3 kWh
2 000 m^3	22 600 kWh (· 2000)

1 kWh	0,056 €
22 600 kWh	1 265,60 € (· 22600)

29% von 1 265,60 € = 1 265,60 € · 0,29 = 367,02 €
Für 2 000 m^3 Erdgas mussten 1 265,60 € bezahlt werden; darin waren ca. 367 € für Steuern und Abgaben enthalten.

c) Vom Nettopreis (Preis ohne MwSt) beträgt der Steuersatz 16%. Vom Bruttopreis (Endpreis) sind dies ca. 14%. [Begründung: 14% von 116% ≈ 16%]
Der Gaskunde hat nicht Recht.

Geburtstag

Die Flasche kostet ohne Pfand 1,38 € (gerundet).

Landeshauptstädte

a) Der Abstand zwischen Düsseldorf und Hannover beträgt ungefähr 8 cm auf der Karte. Unter Verwendung des Maßstabes der Karte erhält man eine Entfernung von ungefähr 240 km in der Wirklichkeit.

b) 240 km · 1,2 = 288 km

c) Der Elbe-Seitenkanal ist auf der Karte ungefähr 4 cm lang. Das entspricht ungefähr 120 km.

Kastendrachen

a) a ist die Länge, b die Breite und h die Höhe des Drachens.
Dann gilt: $a^2 + \left(\frac{3}{4}a\right)^2 = 0{,}75^2$; $a = 0{,}6$ m; $b = \frac{3}{4}a = 0{,}45$ m; $h = 2 \cdot b = 0{,}90$ m
Bespannungsbreite (oben und unten) 60% der Höhe, also 0,54 cm
Man benötigt also 3 m Karbonstangen, 4 Leisten zu je 0,90 m.
Bespannung: 2,10 m × 0,54 m = 1,134 m^2

b) x ist die Länge der Karbonstange. Dann gilt:
$a^2 + \left(\frac{3}{4}a\right)^2 = \frac{x^2}{16}$; $a = \frac{x}{5}$; $b = \frac{3}{20}x$; $h = \frac{3}{10}x$

Rennbahn

Zunächst muss man die tatsächliche Länge des vorgegebenen Stückes von 70 cm in der Abbildung ausmessen, um dann die weiteren Streckenabschnitte geeignet abzuschätzen (z. B. die Kurven durch Halbkreise). Erhält man eine ungefähre Gesamtlänge von 700 cm bis 1 100 cm und berücksichtigt, dass ein Rennauto für die Strecke 3 Sekunden benötigt, ergibt sich eine tatsächliche Geschwindigkeit von ungefähr 8 $\frac{km}{h}$ bis 13 $\frac{km}{h}$.

Test 5

Würfel

a) Auf 4 von 6 Seitenflächen steht eine Fünf, also: $P(5) = \frac{4}{6} = \frac{2}{3}$

b) Auf 5 von 6 Seitenflächen stehen Zahlen, die kleiner als 5 sind, also: $P(\text{Zahl kleiner als } 5) = \frac{5}{6}$

c) Auf keiner Seitenfläche steht eine Sechs, also: $P(6) = 0$

d) Würfel A: $P(3) = \frac{1}{3}$ Würfel B: $P(3) = \frac{1}{2}$
Für lange Versuchsreihen gilt: Wahrscheinlichkeit ≈ relative Häufigkeit
$\frac{1}{3}$ von 300 = 100 und $\frac{1}{2}$ von 300 = 150
Vermutlich wurde mit Würfel B gewürfelt, da 150 näher bei 139 liegt als 100. Mit Sicherheit kann man das aber nicht sagen.

e) (1) $P(\text{Augensumme } 8) = P((3|5)) + P((5|3)) = \frac{1}{3} \cdot \frac{1}{6} + \frac{2}{3} \cdot \frac{1}{2} = \frac{7}{18}$

(2) $P(\text{Pasch}) = P((3|3)) + P((5|5)) = \frac{1}{3} \cdot \frac{1}{2} + \frac{2}{3} \cdot \frac{1}{6} = \frac{5}{18}$

Bahncard

a) Gleichungen (2); (4); (6)

b) Mit der Gleichung (2) erhält man: ab 286 km lohnt sich bereits die Anschaffung einer Bahncard 25; mit der Gleichung (6): ab 2 658 km lohnt sich die Anschaffung einer Bahncard 50.

Heizkosten

a) Die Ersparnis bezieht sich jeweils auf den Wert, der sich ohne diese eine Maßnahme ergibt. Hat man bereits Heizkosten eingespart, so erspart die jeweils nächste Maßnahme den Anteil an dem neuen Wert.

b) (1) 385,56 € (2) 67,87 %

Studentenwohnung

a) 73,08 €

b) Sie muss 19 m^2 kaufen. Die Bodenfläche beträgt 16,47 m^2, also hat sie 13,3 % Abfall.

c) Die gesamte Wandfläche beträgt 30,43 m^2, also benötigt sie 6 Rollen.

Stadt oder Land?

Bei einer Miete von 432,48 € sind die Kosten gleich hoch.

Sportplatz

a) Länge der Kurven: $400\text{ m} - 2 \cdot 90\text{ m} = 220\text{ m}$ Kreisumfang: $2\pi r = 220\text{ m}$; $r \approx 35\text{ m}$

b) Den Flächeninhalt des Innenraumes ermittelt man als Summe des inneren Rechtecks und der hieran anliegenden Halbkreise: $A_{Rechteck} = 90\text{ m} \cdot 70\text{ m} = 6300\text{ m}^2$; $A_{Kreis} = (35\text{ m})^2 \cdot \pi \approx 3848{,}45\text{ m}^2$; $A_{Rechteck} + A_{Kreis} = 10148{,}45\text{ m}^2$
Hiervon sind 15 % mit Sportanlagen versehen, also $0{,}15 \cdot 10148{,}45\text{ m}^2 \approx 1522{,}27\text{ m}^2$.
Für die übrige Fläche von 8 626,18 m^2 benötigt man, da für 2 500 m^2 ein Paket Rasensamen erforderlich ist, 4 Pakete.

c) Luca hat 70 Sekunden benötigt, Mika 85 Sekunden. Ole hat das Rennen nicht beendet.

d) Ein möglicher Kommentar könnte so aussehen:
Der Startschuss ertönt. Sofort übernimmt Mika die Führung vor Ole und Luca. Er geht ein wahnsinnig hohes Tempo. Doch was ist das? Ole stürzt und Luca zieht an Ole vorbei. Mika führt weiterhin. Gleich erreichen die Läufer das Ziel. Aber was ist mit Mika los? Er wird immer langsamer. Ole bleibt sogar stehen. Endspurt: Luca, der ein konstantes Tempo geht, zieht an dem völlig erschöpften Mika, der im Laufe des Rennens immer langsamer geworden ist, vorbei. Luca gewinnt vor Mika. Ole hat aufgegeben.

Hohlkugel

a) Auf der Mitte der Kugel zählt man z. B. an 3 verschiedenen Stellen eine Reihe von jeweils 10 Steinen ab und misst die Länge dieser Strecke. Man erhält: 10 Steine sind ca. 1,3 cm lang. Da ein Stein eine Kantenlänge von ungefähr 5 cm besitzt, sind 1,3 cm in Wirklichkeit $10 \cdot 5\text{ cm} = 50\text{ cm}$. Die Kugel hat im Bild ungefähr den Durchmesser 8 cm, also in Wirklichkeit ca. $\frac{8}{1{,}3} \cdot 50\text{ cm} \approx 310\text{ cm} = 3{,}10\text{ m}$.

b) $O = 4\pi r^2 = 4\pi \left(\frac{310\text{ cm}}{2}\right)^2 \approx 302\,000\text{ cm}^2$

Ein Pflasterstein besitzt eine Fläche von $5\text{ cm} \cdot 5\text{ cm} = 25\text{ cm}^2$.
Anzahl der Steine: $302\,000\text{ cm}^2 : 25\text{ cm}^2 \approx 12\,000$ (Schätzwert)

Öltank

a) Das Befüllen dauert 9 Minuten 46 Sekunden.

b) Der liegende Tank ist weniger als zur Hälfte gefüllt. Deshalb steigt die Füllhöhe zunächst noch etwas schneller, dann aber langsamer an. Ist der Tank über die Hälfte gefüllt, so steigt die Füllhöhe zunächst wieder langsam aber dann immer schneller an.

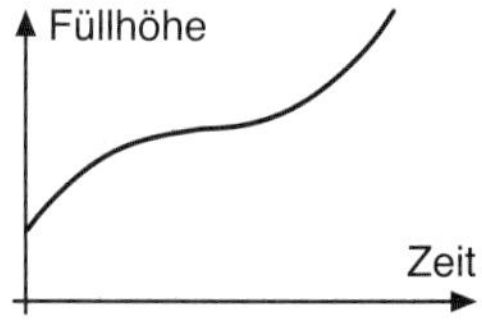

c) Das Volumen beträgt 4 375 Liter.

Test 6

Verpackung

$O = 2\pi r(r + h) = 2\pi \cdot 3{,}5\text{ cm }(3{,}5\text{ cm} + 28\text{ cm}) \approx 692{,}72\text{ cm}^2$

Pkw-Neuanschaffung

Wert des alten Wagens nach 4 Jahren: 10 240 €; Gesamtsparbetrag: 30 000 € − 10 240 € = 19 760 €; jährlicher Sparbetrag: ≈ 4 727 € (ohne Berechnung der Zinseszinsen); jährlicher Sparbetrag x €: $4x + 0{,}03 \cdot x \cdot 6 = 19\,760$ (der 1. Betrag wird 3 Jahre, der 2. Betrag 2 Jahre, der 3. Betrag 1 Jahr gespart, also Zinsen für insgesamt 6 Jahre)

Diesel oder Benziner

a) Durchschnittlicher Wertverlust pro Jahr: Diesel 2 853,76 €, Benziner 2 631,25 €

b) $\left(\frac{5{,}1 \cdot 1{,}13}{100}\right)x + (2\,853{,}75 + 281 + 604 \cdot 0{,}3) = \left(\frac{7{,}3 \cdot 1{,}32}{100}\right)x + (2\,631{,}25 + 71{,}50 + 461 \cdot 0{,}3);$
$x \approx 12\,262$
Ab einer jährlichen km-Leistung von 12 262 km lohnt sich die Anschaffung eines Diesel-Fahrzeuges.

Prozente

a) Der Preis wurde um 45% gesenkt.

b) Der Preis wurde um 89,25 € gesenkt.

Schätzungen

Etwa 60 Menschen (Bild der Länge nach in 4 gleiche Teile aufteilen und auszählen).
Etwa ca. 140 Bonbons (etwa 15 Bonbons pro Schicht, 9 Schichten).

Heißluftballon

a) Die Höhe des Ballons ist im Verlauf des Fluges unterhalb der Höhe des Startplatzes.

b) Der Ballon steigt zunächst etwas, sinkt dann rasch ab, steigt dann wieder bis auf eine Maximalhöhe und sinkt dann bis zur Landung ganz langsam wieder.

c) Der Landeplatz liegt deutlich höher als der Startplatz.

Arbeitsplätze

a) Von 1998 bis 2001 ist die Anzahl der Arbeitsplätze von 37,6 Mio. auf fast 39 Mio. gestiegen und danach bis 2003 auf 38,3 Mio. gefallen.
2004 gab es eine kleine Besserung. Die Anzahl stieg wieder auf ca. 38,45 Mio.

b) $p\% = \frac{38{,}45\text{ Mio.} - 37{,}6\text{ Mio.}}{37{,}6\text{ Mio.}} = 0{,}0226 = 2{,}26\%$

c) $(37{,}6 + 38{,}1 + 38{,}75 + 38{,}9 + 38{,}7 + 38{,}3 + 38{,}45)\text{ Mio.} : 7 = 38{,}4\text{ Mio.}$

d) Der Eindruck entsteht, weil die Hochachse nicht bei 0 beginnt.

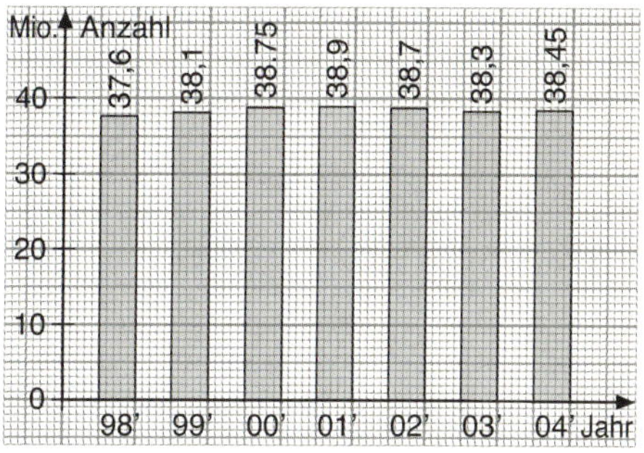

Planschbecken

a) Die Füllgraphen müssen verdeutlichen, dass Becken A wegen des kleineren Durchmessers schneller gefüllt wird. Z. B.

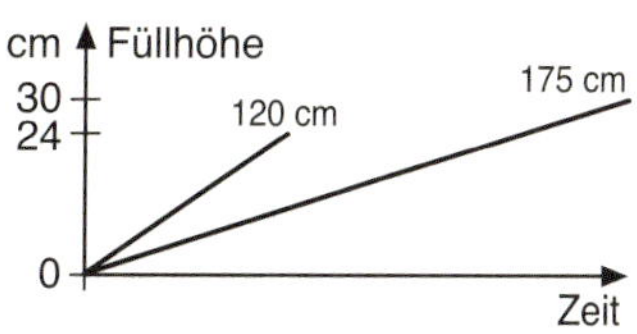

b) $V_A = (60\text{ cm})^2 \pi \cdot 24\text{ cm} = 271\,433{,}6\text{ cm}^3$
$= 271{,}4\,l$
$V_B = (87{,}5\text{ cm})^2 \pi \cdot 30\text{ cm} = 721\,854{,}64\text{ cm}^3$
$\approx 721{,}6\,l$

c) Das Volumen von Becken B ist um ungefähr 166% größer.

d) Das Volumen von Becken B ist mehr als 2,5 mal so groß wie das von Becken A, der Preis ist aber nur doppelt so hoch.
Der Preis steigt bei größeren „Mengen" nicht proportional zur Größe, was auch im realen Leben oft so ist. Die Preise passen also. Betrachtet man die Zuordnung *Preis → Volumen*, bekommt man beim größeren Becken „mehr" für sein Geld.

Kontogebühren

Bis zu 24 Buchungen pro Monat ist Angebot B günstiger.

Brücke

a) $y = ax^2$; für $x = 3{,}45$ m und $y = -2{,}80$ m ergibt sich $y \approx -0{,}235x^2$
(Werte für x und y in m)

b) Zur überschlägigen Berechnung wird $a = 0{,}25 = \frac{1}{4}$ angenommen. Die mittlere Kettenlänge kann dann mit $k = \left(2{,}80 - \frac{1}{4} \cdot 1{,}8^2\right)\text{ m} \approx 2\text{ m}$ angegeben werden. Gesamtlänge der 29 Ketten beträgt auf jeder Seite dann etwa $29 \cdot 2\text{ m} = 58\text{ m}$ (genau 55,96 m).

Dreieck

Umfang: Mithilfe des Kosinussatzes kann man b berechnen:
$b^2 = 3{,}2^2 + 6^2 + 2 \cdot 3{,}2 \cdot 6 \cdot \cos 38° = 76{,}5$; $b \approx 8{,}7$ cm.
$u = 3{,}2\text{ cm} + 8{,}7\text{ cm} + 6\text{ cm} \approx 17{,}9\text{ cm}$
Flächeninhalt: $\sin 38° = \frac{h_c}{3{,}2}$; $\sin 38° \cdot 3{,}2 = h_c$; $h_c = 2$ cm
$A = \frac{6 \cdot 2}{2}\text{ cm}^2 = 6\text{ cm}^2$

Erdbebenvorhersage

Ob es zu einem Erdbeben kommt, ist nicht vorherzusagen. Da die Wahrscheinlichkeit kleiner als 50% ist, ist die Chance, dass es in den nächsten 7 Jahren kein Erdbeben gibt, größer, als dass es zu einem Erdbeben kommt.
Die Aussagen (2) und (4) sind also richtig und (1) und (3) falsch.

Lagertankraum

Raumhöhe – Mindestabstand : 2,10 m – 0,5 m = 1,6 m
Raumbreite – 2 · Sicherheitsabstand : 2,30 m – 2 · 0,4 m = 1,5 m
Der maximale Durchmesser des zylinderförmigen Tanks beträgt somit 1,5 m, d. h. der Radius ist 0,75 m groß.
Insgesamt soll der Tank 6 000 *l* bzw. 6 m^3 fassen. Damit können wir die Länge *l* des Tanks berechnen:
$6\text{ m}^3 = \pi \cdot (0{,}75\text{ m})^2 \cdot l$
$l \approx 3{,}4$ m
Da auf beiden Seiten ein Sicherheitsabstand von 0,4 m einzuhalten ist, muss der Raum mindestens 4,2 m lang sein.

Sonnenaufgang

a) Der Graph beschreibt annähernd eine Sinusfunktion (Punktsymmetrie, Achsensymmetrie (Spiegelachse: x = 25)).

b) Die Amplituden kennzeichnen den längsten und den kürzesten Tag des Jahres (Sommer- und Winteranfang).

ANHANG: FORMELSAMMLUNG

Grundschema der Prozent- und Zinsrechnung

p% bedeutet dasselbe wie $\frac{p}{100}$.

$P_w = \frac{G \cdot p}{100}$

$G \xrightarrow{\cdot p\%} P_w$

Grundwert ↑ G; Prozentsatz ↑ p%; Prozentwert ↑ P_w

$Z = \frac{K \cdot i \cdot p}{100}$ („Kip"-Regel)

$K \xrightarrow{\cdot p\%} Z_1 \xrightarrow{\cdot i} Z$

Kapital ↑ K; Zinssatz ↑ p%; Jahreszinsen ↑ Z_1; Zeitfaktor ↑ i; Zinsen ↑ Z

Binomische Formeln

$(a + b)^2 = a^2 + 2ab + b^2$ $\quad (a - b)^2 = a^2 - 2ab + b^2$ $\quad (a + b)(a - b) = a^2 - b^2$

Quadratische Gleichungen

Falls die quadratische Gleichung $x^2 + px + q = 0$ (Normalform) Lösungen besitzt, erhält man diese mithilfe der *Lösungsformel*:

$x_1 = \frac{p}{2} + \sqrt{\left(\frac{p}{2}\right)^2 - q}$; $\quad x_2 = -\frac{p}{2} - \sqrt{\left(\frac{p}{2}\right)^2 - q}$

Satz des Pythagoras

In jedem *rechtwinkligen Dreieck* ist der Flächeninhalt des Hypotenusenquadrates gleich der Summe der Flächeninhalte der beiden Kathetenquadrate.

$c^2 = a^2 + b^2$

a: Länge der einen Kathete; b: Länge der anderen Kathete; c: Länge der Hypotenuse

Trigonometrie

Sinus, Kosinus, Tangens am rechtwinkligen Dreieck

Für spitze Winkel (im rechtwinkligen Dreieck) gilt:

$\sin\alpha = \frac{\text{Länge der Gegenkathete zu } \alpha}{\text{Länge der Hypotenuse}} = \frac{a}{c}$

$\cos\alpha = \frac{\text{Länge der Ankathete zu } \alpha}{\text{Länge der Hypotenuse}} = \frac{b}{c}$

$\tan\alpha = \frac{\text{Länge der Gegenkathete zu } \alpha}{\text{Länge der Ankathete zu } \alpha} = \frac{a}{b}$

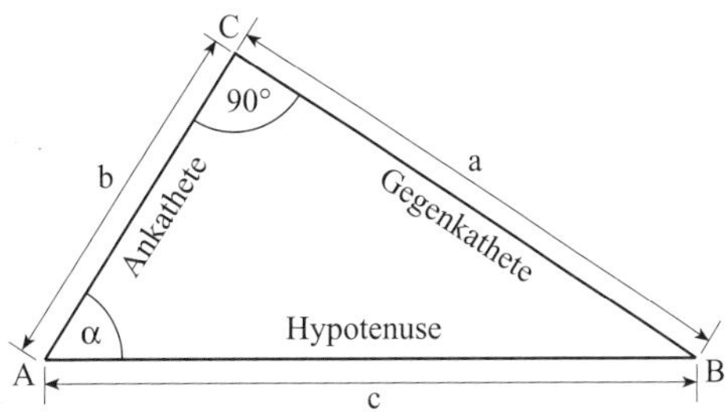

Sinussatz

$\frac{a}{b} = \frac{\sin\alpha}{\sin\beta}$ $\quad \frac{b}{c} = \frac{\sin\beta}{\sin\gamma}$ $\quad \frac{c}{a} = \frac{\sin\gamma}{\sin\alpha}$

Kosinussatz

$a^2 = b^2 + c^2 - 2bc \cdot \cos\alpha$ $\quad b^2 = a^2 + c^2 - 2ac \cdot \cos\beta$ $\quad c^2 = a^2 + b^2 - 2ab \cdot \cos\gamma$

$\cos\alpha = \frac{b^2 + c^2 - a^2}{2bc}$ $\quad \cos\beta = \frac{a^2 + c^2 - b^2}{2ac}$ $\quad \cos\gamma = \frac{a^2 + b^2 - c^2}{2ab}$

Berechnungen an ebenen Figuren

Dreieck

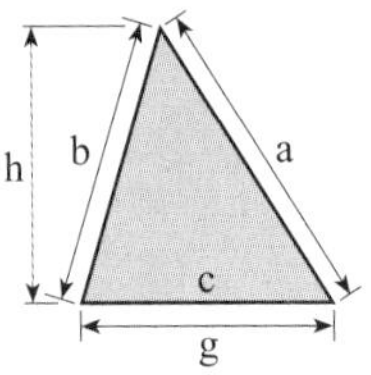

$A = \frac{g \cdot h}{2}$

$A = \frac{c \cdot h_c}{2} = \frac{a \cdot h_a}{2} = \frac{b \cdot h_b}{2}$

$u = a + b + c$

Parallelogramm

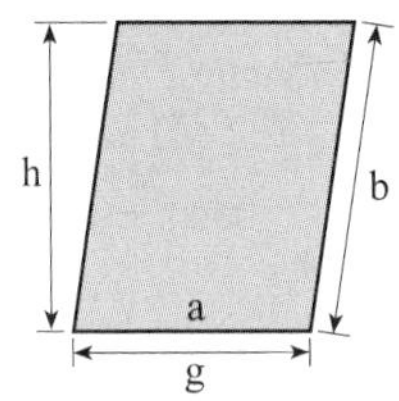

$A = g \cdot h$

$u = 2a + 2b$

Trapez

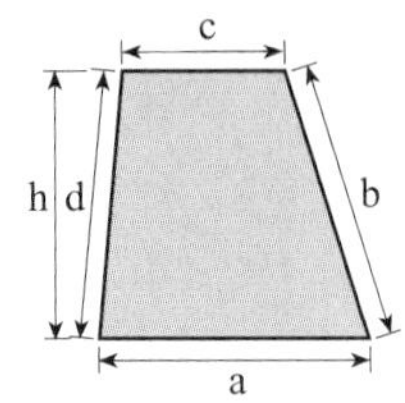

$A = \frac{g + h}{2} \cdot h$

$u = a + b + c + d$

Drachenviereck

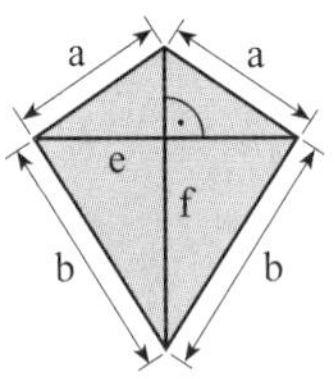

$A = \frac{e \cdot f}{2}$

$u = 2a + 2b$

e, f: Länge der Diagonalen

Kreis

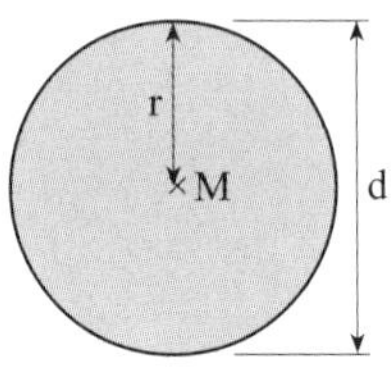

$A = \pi \cdot r^2$

$A = \pi \cdot \frac{d^2}{4}$

$u = 2\pi \cdot r$

$u = \pi \cdot d$

Kreisausschnitt

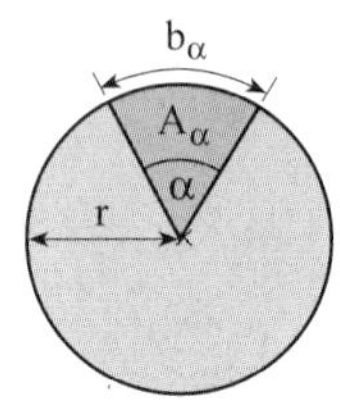

$b_\alpha = u \cdot \frac{\alpha}{360°}$

$= 2\pi r \cdot \frac{\alpha}{360°}$

$A_\alpha = \pi \cdot r^2 \cdot \frac{\alpha}{360°}$

$= \frac{b_\alpha \cdot r}{2}$

Berechnungen an Körpern

Quader

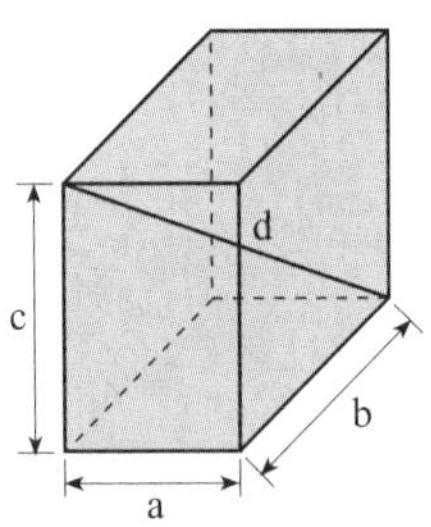

$V = a \cdot b \cdot c$

$O = 2 \cdot (ab + bc + ca)$

$= 2ab + 2bc + 2ca$

$d = \sqrt{a^2 + b^2 + c^2}$

d: Länge der Raumdiagonalen

Prisma

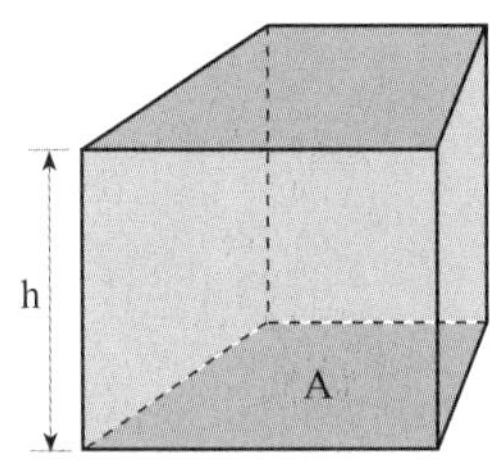

$V = A \cdot h$

$M = u \cdot h$

$O = 2 \cdot A + M = 2 \cdot A + u \cdot h$

Zylinder

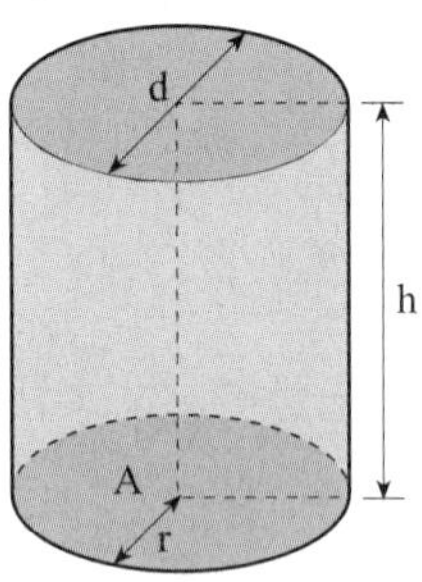

$V = A \cdot h = \pi r^2 \cdot h = \frac{\pi d^2}{4} \cdot h$

$M = 2\pi r \cdot h = \pi d \cdot h$

$O = 2 \cdot A + M$

$= 2\pi r^2 + 2\pi r \cdot h$

$= 2 \cdot \frac{\pi d^2}{4} + \pi d \cdot h$

Pyramide

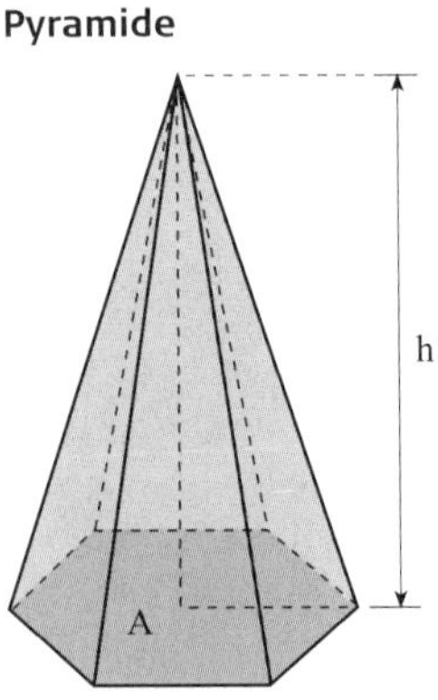

$V = \frac{1}{3} \cdot A \cdot h$

$O = A + M$

Quadratische Pyramide (Grundfläche ist ein Quadrat mit der Seitenlänge a):

$V = \frac{1}{3} \cdot a^2 \cdot h$

$M = 4 \cdot \frac{a \cdot h_s}{2} = 2a h_s$

$O = a^2 + 2a h_s$

$h_s = \sqrt{h^2 + \left(\frac{p}{2}\right)^2}$

h_s: Höhe einer Seitenfläche

Kegel

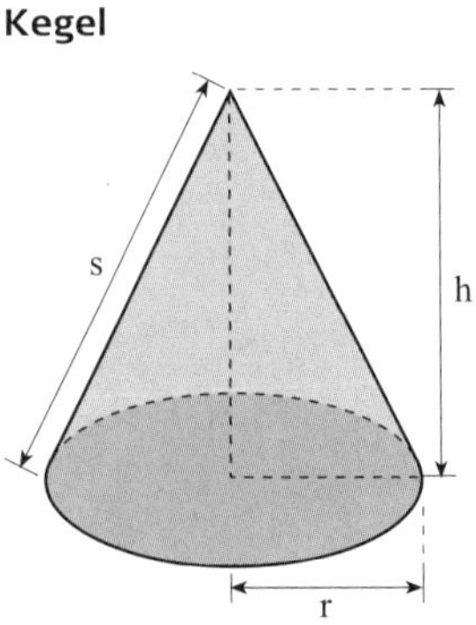

$V = \frac{1}{3} \cdot A \cdot h = \frac{1}{3} \cdot \pi r^2 \cdot h = \frac{\pi d^2}{12} \cdot h$

$M = \pi r s$

$O = A + M = \pi r^2 + \pi r s = \frac{\pi d^2}{4} + \frac{\pi d}{2} \cdot s$

$s = \sqrt{h^2 + r^2}$ $\alpha = \frac{360° + r}{s}$

s: Länge einer Mantellinie

α: Mittelpunktswinkel des Mantels

Kugel

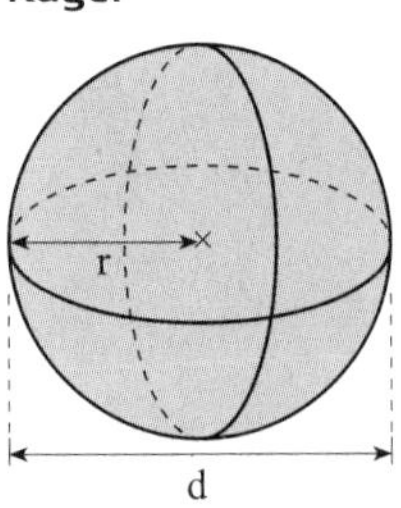

$V = \frac{4}{3}\pi r^3 = \frac{\pi d^3}{6}$

$O = 4\pi r^2 = \pi d^2$